農協に明日はあるか

Japan Agricultural Cooperatives

先崎千尋

日本経済評論社

目　次

第一章　農協の価値を問う

第一節　滅びを待つマンモスか——全国連の虚像と実像

「ファーストフード」と官僚化

ファーストフードは正しいか

「全農、今度はタマネギ産地偽装」というみだしがある二〇〇三年四月四日付けの新聞を見て、「ああ、またか」というつぶやきが出ると同時に、度重なる行為にあきれて文句を言う気にもならなくなってしまった。新聞報道によると、佐賀県のある販売所が生協向けに仕入れていた北海道斜里町のタマネギを訓子府町産に切り替えたが、箱はそのまま斜里町の表示だったという。さらに驚くことは、自主点検で二一六三点の商品の表示方法が不適切だったとか。農協（私は引用以外は原則としてJAという表現を使わない）はうそをついてはいけない。

全農（全国農業協同組合連合会）や全中（全国農業協同組合中央会）が農協なのか、農水省以上のお役所ではないか、という体験を続けて経験した。最初は、全中が発行している「月刊ＪＡ」の二〇〇三年一月号の記事をめぐって。「農的価値とスローライフを考える」という特集記事が組まれていた。その内容は全体として私の考えてきたこととほぼ同じなので、注文をつけることはなかった。ただ、その中の鼎談「農的生活とスローライフ」の中の「ファーストライフ」「ファーストフード」という表現が気になったので、「ファーストフード」ではなく「ファストフード」ではないのか、食と農に責任を持つ全中はしっかりとした考えをもつべきではないか、とメールを送った。鼎談者がその道では権威の人であるだけに余計そう考えたのだった。

それに対して編集部からは、ファーストフードという表記は間違いではない、某大手新聞の校閲ＯＢに見てもらっているので、個人的にはファストフードの方がいいと思うが、年度途中では直せないのだ、とメールと電話で返事がきた。

年度の途中でも、私が取っている新聞（複数）はファストフードという書き方に変えている。ファストフードは今はやりのスローフードの反対語だ。ファストは早いという意味。ファーストは第一の、最高のという意味だ。早いと最高のでは意味がまったく違う。わが国で最初に使った人がファーストと書いたためにそれが定着して、全中の言うように間違いではない、ということになったのだろうが、過ちを改むるにはばかるなかれ、である。まして全中である。例え他の新聞雑誌がファーストと書いても、全中の機関誌は率先してファストと書くのが筋ではないのだろうか。念の為、同誌の二〇〇三年四月号を見たが、今月からファーストフードという表記をファストフードに改めます、ということは書いていない。

特定農薬の指定をめぐって

次の経験は「特定農薬」について。農薬取締法が昨年暮に成立して、二〇〇三年三月に施行された。無登録農薬の使用をきっかけに、文字通りバタバタと一気呵成に法律が改正され、これまで考えられもしなかったアイガモや牛乳、木酢液、天敵などが「特定農薬」として指定されそうだというので、特に有機農業関係者の間で大騒ぎになり、反対集会が開かれたり、農水省への抗議行動があったりした。

そうした経過を経て、二千九百ものリストの中から今回特定農薬に指定されたのは、食酢、重曹、天敵の三種類である。

私は、国が化学的農薬や化学肥料を使わないで生産したものを有機農産物としてJAS認定をしているのに、特定という名称が付くにせよ、農薬を使用することになるのは自己矛盾ではないのか、そもそも食べ物である食酢や重曹、牛乳などが何故農薬として指定されなければならないのか、と考えている。しかも対象として挙げられたのはほとんどが民間の技術である。そうしたものまで国が管理しようとするのは横暴な行為でしかない。

それはさておき、この特定農薬について、全農や全中はどう考えているのかを知りたかった。まず全農。ホームページに問い合わせた。その返事は「本会としては、生産者、消費者にとってどういう制度が望ましいかを検討しながらも、最終的には中立的な小委員会で方向を打ち出すことが国民全体に受け入れられる決め方」だということだった。今は生産者にとってこの見解が妥当かどうかについては触れない。とにかくきちんと返事がきた。

不可解なのは全中である。広報セクションに問い合わせのメールを入れた。それに対しての返事は、担当課が違うので、そちらへ電話してくれ、添付ファイルは安全のために開封しません、ということだった。担当課へメールを回すなり、伝言すれば話が早いのに、木で鼻をくくったような典型的なお役所仕事だ。これが全国の農協を指導する全国機関なのかと考えこんでしまう。

お役所である農水省の対応はまったく違う。インターネットでの対応で見る限り、かなりオープンである。特定農薬に対しての国民からの意見を出せるパブリックコメントに私も意見を出した。個人名はないけれども、それへの回答がきちんと載っている。しかも、それを他の人も見られる。

全中は門前払い。ホームページにも特定農薬についての全中の見解は掲載されていない。同じようなことが農協のあり方をめぐる動きについても言える。農水省のホームページを開くと、「農協のあり方についての研究会」の審議内容、資料がすべて分かる。また、「農協改革ボックス」が設けられており、農協への意見をいつでも申し述べることができる。このボックスに寄せられた意見の概要を知ることもできる。農水省のメールマガジンは今月から週刊になった。登録すれば、自分で農水省の動きを知ることができる。

これに対して全中はどうか。新聞は、四月三日の全中理事会で秋に開かれる農協全国大会の議案原案が決まった、と伝えている。そして今後、農協、都道府県段階で協議を深め、七月には大会議案を決定するという。本稿の執筆時点（四月）では、全中のホームページではそのことについてまったく触れていない。策定経過はおろか、原案を知ることもできない。

国が農協を自分の都合のいいように変えようとする手法は権力主義、権威主義である。しかし、農水省は最小限の情報は国民に開示している。

農協はどうか。我々にとって大手町はまったくのブラックボックスだ。国以上に官僚的な組織にどうしてなってしまったのかは分からないが、農民、農協組合員の声を聞かず、農村現場の実態を見ようともしないというのでは、国と真正面から喧嘩どころか、対等に渡り合うこともできないではないか。全中や全農が農協の組合員や消費者から見放されてしまうことを憂う。

（『全略新報』〇三年四月十日）

座標軸に共益と公益を――第二十三回全国農協大会議案を見る（1）

このままではという危機意識

二〇〇三年三月末に農水省の「農協のあり方についての研究会」の報告書が公表された。それとほぼ同じくして、全国農協中央会はこの秋に開かれる全国農協大会の原案「『農』と『共生』の世紀づくりをめざして」を発表した。新聞報道によれば、この原案を組織討議にかけ、七月には大会議案として決定する。改革が待ったなしの経済事業については、大会前に各農協が事業の部門や支店などの損益を把握し、農家・組合員らの要望を聞きながら、経営改善目標や要員計画作りを進める、という。

国の報告書がまとまった翌月に農協の方針が出るというのは出来すぎではないかと思うが、原案は、今度の大会は開かれた大会をめざしたい、と謳っているので、農協の今後を考えるためにも、私の見解を示したい。その切り口の視点は、組合員のくらしにとってこの計画がどういう意味を持つのか、国民にとってはどうなのか、すなわち共益と公益の二つである（石見尚『第四世代の協同組合論』論創社、二〇〇二、が参考になる）。

まず評価すべきことは、農協がこのままではつぶされてしまうという危機意識を全中が持ったことだ。相次ぐ農産物の偽装表示事件、無登録農薬販売などで農協組織が国民、組合員の信頼を裏切り、国からも「組合員の組織」ではなく、「組織のための組織」とまで言われるようになってしまった。財界からも独占禁止法などで揺さぶりをかけられ、「農協改革」は小泉改革の焦点のひとつにさせられた。

現在の農協組織は、大量生産・大量消費の市場経済に対応して、農民の生産・生活防衛のニーズに応えるために組織されている。市場経済、市場原理に対応するシステムだから、物流への関心が中心となっている。農民の集団的利益イコール共益である。しかし現実は、肥料・農薬などは農協よりもホームセンターの方が安く、営農技術の指導は個人商店の方が詳しい、と言われている。農産物の販売もモノ不足時代のやり方を踏襲していて、今日の流通にそぐわない。農協の目的にしている共益があまり実現されていないということだ。

公益は本来国家が担うべきもので、私企業は公益事業を目的としない。しかし、それぞれの事業の結果は社会的・経済的公益性に関係する。例えば、食品の安全性確保は、生産者と食品業界とが自らの責任において保証すべきものだ。しかし、最近のBSE問題に端を発する一連の事件で分かるように、生産から消費までが連環している今日では、農協の業務も社会的責任を負い、公益性を持たざるを得なくなる。

農協の偽装表示、不正行為が今なお後を絶たないが、組合員、消費者の双方に対する背信行為は共益、公益のいずれにも反することだ。農協の利益は組合員の利益になると考えて行ったことが結果として共益にはならず、公益にもならなかった。

協同組合は人間と社会を豊かにするための組織であると私は考えているので、物流中心の組織になってしまっている今日の農協がそれでいいのかと思うが、それにしても、農協の役職員は共益、公益というものさしで事業を考え直すべきではないだろうか。特に、農の持つ多面的機能、環境との共生が重視される今後は、公益を考えた活動、事業運営が重要になる。

排せ、形式民主主義

さて、大会議案は、農協を取り巻く情勢、取組みの現状と課題、具体的取組みの実践、重点実施事項の五つから成っている。各論に触れる前に手続き、形式論からの問題を挙げておく。

この原案は、農水省が三年前に出した「農協改革の方向」と三月の「農協のあり方に関する研究会報告」に沿った内容になっている。中味が妥当なものであれば、別に問題ないと考える向きもあろうが、民間の組織である農協のあり方について、国のいいなりにさせようとすることは権力の横暴である。そして、それをそのまま受け入れる側の姿勢にも問題がある。農水省は、農協は公益性があるからと言うのだろうが、農協陣営が自分の進む道を打ち出す前に、国がこうやれと方向を示すということは不当な干渉でしかない。農協全国機関は霞ヶ関にではなく、農村・農協現場に目と耳を向ける必要があろう。そうでなければ、やはり農協は国の政策実施代行機関にすぎない。

農家組合員の批判、意見、消費者の声などを積み上げ、それをもとに原案を作るというのであれば、課題と解決策は具体的になり、誰がどうすればいいのかが明瞭になる。今後、単位農協、連合レベルで討議されるというが、形式的な民主主義では討議がどこまで深まるか、心許ない。農民や消費者に広く意見を求めるのであれば、インターネットを駆使した農水省のやり方を真似ればいい。そのためには、当然のことながら、全中や県中は必要な情報をいろいろな手段で発信しなければならない。実践する大会、開かれた大会をめざす、というのだから。

農協組織の各段階で、計画策定の期間が三年でいいのかという議論がこれまでになされたかは分からないが、市町村の総合計画は、基本構想が十年、基本計画が五年を単位としている。実施計画はローリング方式をとっている。農協の役員の任期と合わせているのだろうが、三年では短かすぎる。計画を立てても三年はあっという間に過ぎてしまい、ろくろく反省、総括もしないうちに次の計画づくりに追われるのが農協現場の実態ではないか。組合員の意見、地域の動向、農産物の需給などの基礎資料集めをするだけでも、かなりの時間が必要だ。

前大会決議の総括に「偽装表示や無登録農薬の発生、担い手対策・農地流動化への取組み不足、経済事業改革の遅れ」などが課題として挙げられており、その理由に「農協段階まで浸透しておらず、自らが決めた大会決議を実践するという認識を農協グループ一体として持てなかった、取組みの主体・責任が明確になっていなかった」ことを挙げている。計画づくりに参加していなければ、自らが決めたという意識、認識は持てず、実践しようという考えも生まれない。そしてこのことはそれぞれの農協で決める毎年の事業計画にそのまま当てはまることでもある。

（『全酪新報』〇三年五月十日）

経済事業赤字の真相は――第二十三回全国農協大会議案を見る（2）

他人事の見方が問題

ここでは、第二十三回全国農協大会の原案（組織討議案）を検討する。原案はＪＡを取り巻く情勢、ＪＡグループの取組みの現状と課題、ＪＡグループのめざすべき方向、ＪＡグループ一体となった具体的取組みの実践、ＪＡグループの重点実施事項の五項目から成り、「経済事業改革の指針」が別建てとなっている。ここでは、細部まで検討できないので、重要なことだけ指摘したい。

原案はまず、経済のグローバル化に触れ、「市場主義は、情報開示や法令遵守、説明責任、リスク管理等、積極的な課題を企業に突きつける一方で、地球温暖化や環境破壊、地方の切り捨てなど、その弊害も指摘されています」とプラス、マイナスの両側面を並列して述べている。

では、農協はどう対応したのか、他人事のような触れ方でしかない。農協こそ市場主義的な考え方で事業推進を図ってきたのではなかったか。そして、強者が弱者を飲み込む市場主義に乗ってしまったために、農協の経済事業が衰退してきたのではないか。

これは「食の外部化」が進んでいることについても同様である。食と農の距離がどんどん離れていったことがもとで、ＢＳＥ問題に端を発する一連の食品の安全性を問われる事件が発生した。問題なのは、これらの問題の多くに農協陣営が関わってきたということである。

ロッジデール原則の一つに「純粋で混ざりもののない商品だけしか売らない」というのがあるが、協同組合はうそ、ごまかしをしてはいけないということが鉄則である。そして今日でも協同組合の価値である「協同組合らしさ」として「正直、公開、社会的責任、他者への配慮」が挙げられている。

農協はこれまで食の外部化を見過ごし、積極的な対応をせず、市場主義的な運営をしてきたツケとして「農協改革」を農水省、財界等から迫られている姿になっているが、その自己批判、反省もせず、他人事で済まそうということが問題なのではないだろうか。

担い手がいない、耕作放棄面積が増えていることも同じだ。農協が手を出すことではないという風潮が現場ではなお根強い。

原案は今度の大会の課題として、食の安全・安心を揺るがす事件、地域農業戦略の実践の遅れ、経済事業改革の遅れなど五項目を挙げている。そして、そうなった理由に、大会決議を実践する認識を持てなかった、取組みの主体・責任が明確になっていなかった、としている。

私は、挙げられた課題のもっと深い原因は、大会決議は他人が決めたもの、自分とは関係ないという意識が多くの農協にあることだと見ている。もっといえば、農協の役員、職員のうちどのくらいの人がこの大会決議を知っているのだろうか。計画づくりに何らかの形でも加われば「オレの計画」になるのだが、計画そのものを知らなければ、実践しようがない。組織討議が行われているらしいが、どのような討議が行われているのかは分からない。農水省ですら政策、法律を作る際には広く国民からパブリックコメントを求めているというのに。

農協離れの原因

この原案の目玉は「経済事業改革」だ。農協は組合員の負託に応えるために「農協事業活動を通じ、農業者・消費者に最大のメリットや満足を提供し、競争環境のもとで継続して事業を展開するため、部門ごとに収支を確立すること等の視点から経済事業改革に取組む」という。この原則論に反対する人は、そうはいないだろう。では、今までそのことがなぜ出来なかったのか。そのことを総括しなければ、また言葉だけが踊ることになりはしないか。現場で、組合員相手に仕事をする人(役職員)は変わらないのだから。

組合員の農協離れの大きな原因に一つに、農協から購入する肥料・農機具などの生産資材の価格がホームセンターや地域にある肥料・農機具商より安くない、むしろ高いということが挙げられている。そのことを受けて、原案では生産資材価格の引き下げに取組む、としている。

しかし、ホームセンターや商人より農協がなぜ高いのかの原因に触れてはいない。このことは農水省の「農協のあり方についての研究会」の報告書も同じである。

農協の値段が高いということは、メーカーの出荷価格とマージン率が同じだとすれば、農協が業者よりもうけているということだ。しかし、農協の購買事業は恒常的に赤字であり、しかもその額は増えている。業者は赤字なら商売を止めてしまうか、倒産だ。

農協の購買部門の手数料率は、肥料、農機具、石油などの平均が一四%、同じ品目で小売業は二七%だ(全農OBの鈴木佐一郎さんの資料による。小久保武夫『よみがえれ心豊かな農協運動』家の光協会、二〇〇三参照)。

これでは、農協現場で担当職員がどんな努力をしても商人には勝てないではないか。鈴木さんの資料によれば、硫安の国内価格は輸出価格の二倍も高い。

農協のマージン率は商人の約半分、それでいて農家が買う値段はほぼ同じ。農協の購買部門が赤字になるのはむしろ当然のことだ。その原因は結局、連合会の仕入れ価格が高いということになる。農協のシェアが低ければ、それはそれでやむを得ないことだ。しかし農協は肥料、農薬、農業用段ボールで七割以上、農機具、農村向け石油で半分のシェアを持っている。

個々の農家は弱いけれども、力を集めれば強くなる、というのが農協の組織原則である。しかし結果は逆、これは一体どうしたことか、だ。最大手の需要者である農協とメーカーの癒着、これはあってはならないことだ。

このからくりを数字で解明し、解決策を提示しない限り、大会でどんなことを決議しても犬の遠吠えに過ぎず、事態は変わらない。農協陣営が出来ない、やろうとしないならば、国または「農協のあり方についての研究会」がそのからくりを明らかにすべきではないかとすら思う。こうした事情を知っていて公表をしないなら、罪は重い。

経済事業改革のもう一つの大きな問題点は、生活関係事業で赤字部門は切り捨てるということだ。

（『全酪新報』〇三年六月十日）

直売所のマニフェストを読んで――元気印を農協全体に

食の不安の裏返し

いま、直売所が元気だ。全国どこを歩いても、農産物や魚などの直売所にぶつからないことの方がまれなくらいだ。直売所の数は全国で二万近くあると推定されている。

直売所といっても、月、週に一回、テントでささやかに、という規模のものから、愛知県大府市の「JAあぐりタウンげんきの郷」のように、温泉、食堂、加工施設などを備えた食のテーマパークになっている大規模なものまでさまざまだ。運営主体も、個人、グループ、法人、第三セクター、農協などこちらもさまざま。年間の販売金額が十億円を超す直売所もいくつか出てきている。茨城県では、農協が運営している直売所が五十を超え、一店舗の売上げの平均が一億円を超した。

直売所のルーツは市（いち）。今ある市（いち）でもっとも古くからある高知市の日曜市は徳川時代初期の創設、と言われている。我が国の庶民の暮らしに欠かせなかった市がしばらく途絶え、そして今鮮やかに復活したのは何故なのだろうか。

最大の理由は、食に対する不安が消費者、生活者にみなぎっていることではないか。ＢＳＥ問題に端を発して、食肉や米、野菜などあらゆる農産物の安全性が根底から揺らぎ、国民の多くは一流メーカーやデパートのものでも信用できない、という心理状態になってしまっている。

直売所はどうか。大抵のところでは、生産者の名前がラベルに書いてある。そして朝採りか前日に収穫されたものだ。値段も手ごろだ。流行っている直売所は、開店前から客が列を作っている。珍しいもの、少ないものは奪い合いになる。

しかし、直売所といっても名ばかり、市場仕入れが大半を占め、外国産のものが並んでいる店もある。最近では、直売所間の競争が激しくなっていて、そのような直売所では売上げを減らしているようだ。また、農協でも取扱い農産物の販売高の減少を補うために直売所を開設しようという動きが活発化している。

全中が憲章制定

こうした直売所の百花乱立の動きを受けて、全国農協中央会（全中）は二〇〇三年十月、「ＪＡファーマーズマーケット憲章」を制定した。直売所のマニフェストだ。その趣旨は、「農協が直売部門を成長著しい事業として捉え、事業量の拡大のみを追及することがあってはならない。直売所が組合員、消費者、地域農業、地域社会に対してどのような役割を果たしていくのか、原点を押さえておく必要がある」ということだ（筆者はファーマーズマーケットというかたかな言葉は好きではないので、以下直売所という表現を使う）。

憲章は、基本理念、運営方針から成っているが、きわめて短く具体的だ。全中の文章にしては珍しいが、策定にあたったのは多くが現場の人だったからだろう。

基本理念の中味は、地産地消の拠点とする、高齢者、女性などの力を引き出し、地域農業の振興、自給率の向上を図る、新鮮で安全・安心な農産物を供給する、食文化の発展・継承に貢献する、など。いずれもこれまで言われてきたことで、それを整理した内容である。そして、農協陣営がこれまで忘れていたか、切り捨てようとしてきたことでもある。

運営指針はさらに具体的だ。骨子は、豊富な品揃えをめざす、地場生産比率を高める、生産、出荷、価格設定は出荷者の自己責任で行う、新鮮で安全・安心な農産物を提供する、食の安全性に責任を持つ、輸入農産物は扱わない、の七項目だ。

私は、全中でこの憲章策定作業が進められていることをまったく知らなかったが、これより先の八月に、所属するひたちなか農協で「直売所の基本理念と運営の改善方策」をまとめた。直売所のめざすものは何か、農協が何故直売所を運営するのか、問題点と改善策、がその中味だが、期せずして全中の憲章とほとんど同じ内容である。現場で苦労していれば、考えることも似てくるのかな、と思いながら全中の憲章を読んだ。

私たちがこの基本理念を作ったのは、直売所に対する出荷者の考え方がばらばらであるため。直売所へ持っていけば市場へ出すよりも高く売れるとか、隣の人が百円なら私は八十円で出すとか、共通のコンセプトがなく、トラブルもしょっちゅう発生していた。その中で、直売部会の会員の一人が、「農協はどうして直売所を開いているの、何をしたいの」、と聞いてきた。それでは農協としての考えをまとめ、出荷者が一つの思いで直売所を盛り立てよう、と全国各地の事例を集め、問題点を整理しながら役員会などで検討して作りあげたものだ。農業は生命産業、農協は国民に安全・安心な農産物を提供する、再生産できる価格の実現を図り、食える農家、儲かる農業づくりをめざす、などのことを掲げている。そして農協の役割を明確にし、出荷者のルール、品揃えのための品目と業者選定の基準、従業員のマナーなどを規定した。

特徴のある店づくりを

私はこれまで、いくつかの農協やグループの直売所設立を手伝ってきた関係で、あちこちの直売所を見てきた。千葉県山武郡市農協では、鮮度が命、旬の味を売れ、ごみ捨て場にするな、野菜は立てて売れ、などの十か条の「直売の心得」を作っている。水戸農協の「つちっこ」では利用者が中心となって、蕎麦打ち、ジュースや牛乳加工品を楽しむ会など生産者との交流会を定期的に開いている。また同農協では二〇〇三年十二月に観光の名所として知られる大洗町に水産販売コーナーを併設した直売所を開設する。八百屋と魚屋が一緒になった直売所は珍しい。

神奈川県秦野市農協の「じばさんず」や山形県東根市農協の「よってけポポラ」は出荷者に電話、

ファックス、携帯などで出荷したものの販売状況を提供している。岩手県花巻市の「母ちゃんハウスだあすこ」や茨城県つくば市の「みずほの村市場」、同県茨城町の「ポケットファームどきどき」なども楽しい店だ。名称も、山形県庄内地方では、ヨッテーネ、ふらっと、しゃきっと、やまっくなど、おやっと思わせるネーミングの店が多く、面白い。

私は、直売所が農産物流通の主流になるとは考えていない。しかし、閉塞化した今日の農業、農村、食と農の関係を変えていくきっかけの有力な手段として、直売所を位置付けられると考えている。そして一口に直売所といっても、地域の環境、これまでの取組みなどが違うので、一律の運営は出来ない。しかし、これまでの全国各地で取り組んできた農協直売所の運営の中から、共通の課題を整理し、今後の方向の大枠がまとめられた意義は大きい。久しぶりの全中のヒットであると私は素直に評価する。この憲章が現場で息づくことを期待する。

（『全略新報』〇三年十一月十日）

どうする経済事業改革――仕入れ価格と手数料

祇園祭の中、京都で開かれた農協問題総合研究会（農業開発研修センター主催）に参加した。ここでの研究会は、その時々の関心あるテーマを理論、実践の両面から切り込むことが売り。今回は、二〇〇三年の農協大会決議の中心であり、農水省の農協のあり方についての研究会（あり方研）の柱となっている経済事業改革を農協としてどうなしとげるか、がメーンテーマだった。

紀の里、南すおう、北信州みゆきなどの事例、梶井功、藤谷築次両氏の理論的整理など紹介したい話はたくさんあるが、ここでは、「農協のあり方を考える研究会」で抜本的改革を求められている全農が現状をどうとらえ、どうしようとしているのか、全農部長氏の報告をもとに私見を述べる。

まずは報告から。

農協大会決議では、経済事業改革の柱は①消費者接近のための販売戦略の見直し②生産資材価格の引き下げ③生活関連事業の抜本的見直し④経済事業改革を確実に実践する仕組みの構築、の四つ。これを全国、県段階で支援・補完していく、というもの。これらにより、生産者所得の拡大、生産資材コストの引き下げ、地域農業の振興を図り、生活面では高度なサービスを提供し、安全・安心な農産物の提供、自給率の向上を図る、としている。

販売戦略については、甘楽富岡、八女農協などが率先して取り組んでいる農協の直接販売を増やし、農協全体として大消費地に直接販売していくシステムを作っていく。また「ＪＡ米」のように生産履歴が分かるブランド化を進める。

農協の経済事業で最大の問題は生産資材価格の引き下げ。報告によれば、ネックは物流コストが高すぎることだという。農協から農家へ配送するコストは人件費、配送費、保管費などを含め平均で二一％にもなる（一六％という調査結果もある）。そうだとすると、農協の生産資材の手数料率は一〇％強だから、百円稼ぐのに二百円かけている計算だ。普通の企業ならとっくに倒産してしまう。

このまま放っておけない。まず、これまでの旧農協事業所単位の配送を止め、農協が配送拠点を整備し、連合会に委託することもある。電話すればいつでも届けてくれる、というのではなく、配送条件をルール化する。生産資材店舗を再編成し、コストの節約を図る。予約の比率を高め、組合員のニーズに応えられるよう営農経済渉外活動を強化する。栃木県はが野農協の報告では、全農県本部に配送を委託することによって物流コスト、人件費で二億円の削減が出来た。一般的には拠点化することによって五％以上のコスト削減が図れる、という。私の所属する農協の購買品供給高は二十五億円だから、五％削減されるとすると、一億二千五百万円になり、農業関連事業の赤字幅は約三億円なので、その効果は大きい。

農協ではどこでも農機センターやガソリンスタンド、Ａコープ店などを運営している。いずれも規模が小さく、老朽化し、競争力が低く、赤字部門であることが分かっていても、組合員サービスのためにということで、合理化出来ない場合が多い。全農はこれらの部門も県域での一本化を図り、収支の改善を図っていく方針だ。既に、多くの県で物流、農機、ＳＳ、Ａコープ四部門の県域マスタープランの策定が進んでいる。

配送コストを減らす努力は私たち現場の責務である。しかし、それだけで問題が解決する訳ではない。単位農協だけで絶対に解決できない問題は、農協の仕入れ価格が高い、さらに農協の手数料率（マージン率）が商系のホームセンターや肥料・農機具商のそれよりも低い（一四％対二七％）という構造上の問題だ。私はこれまでに、「肥料・農薬などで流通の半分以上のシェアを持っている農協陣営が価格競争で管内の肥料・農機具商と負けたり、勝ったりしているのか、農協の経済部門は赤字なのに、むこうは経営が成り立っている、おかしいではないか」と主張してきた。これに対して、「あり方研究会」の報告書も農協全国大会の決議もほおかぶり。

全中が二〇〇二年暮に策定した「経済事業改革指針」にはこの件について「競合品については、JAの弾力的な農家渡価格の設定と県・ブロック域での仕入れにより競争力ある生産資材価格の実現。担い手については、大口一括購入条件の設定、低コスト資材提供により通常に比べ一五％程度安い生産資材を提供」する、としている。

現場ではどうか。先に挙げたはが野農協の取り組みを見てみよう。

ここでは、新たな供給価格実現のために全農と共同協議方式を採りいれている。両者で協議会を設置し、肥料、農薬などの対象品目を決める。次に市場実勢価格を調査し、目標組合員価格を設定、それから農協への供給価格を決めている。このことにより、組合員価格の引き下げが実現し、大口取引農家の値引きも導入した。

全農いばらきも私たちにこの方式の導入を提案してきている。茨城県内には三十二農協あるが、価格はこれまでのように一律ではなく、農協毎、つまり三十二通りあっていい、と言う。

市況を見ながら農家渡しの価格を決めていくやり方は、少なくとも現状よりはましなのかもしれない。しかし、やはり根本的な解決にはなっていない。また、全農と農協の力関係を考えると、農協のレベルによって農協間で格差が生ずることも懸念される。

研究会で全農部長氏の話を聞きながら思いついたことがある。それは、物流も農機もＳＳもＡコープも県域でやろう、価格も農協と一緒に考えよう、というやり方は、結局農協のやるべき仕事を赤字だからという理由で全農、経済連が奪ってしまう、つまり全農の生き残り戦略なのではないか、ということである。「あり方研究会」の報告には、全農は農協の支援・補完機能を果たすべき、全農改革を断行すべし、と強い調子で書いてあるが、これでは全農の「焼け太り」ではないのか。

また、全中がこれまで強く推し進めてきた広域合併とは一体何だったのだろうか、とも考えた。経済環境の激変の中で、これまでの規模では立ち行かなくなる、だから合併だ、そういう理屈だった。しかし、合併して大規模になっても経営がうまくいかない、だから県域で。全中はそのつじつまをどう合わせるのだろうか。

もう一つ考えたことは、農協、特に連合会段階で導入されている経営管理委員会制度は農協というシステムに合う制度なのか、ということである。トップマネジメント（業務執行体制）の整備・強化、機能発揮というと聞こえはいいが、要するに職員上がりの理事が経営を支配し、農家の代表は二階に上げ、必要に応じてご意見を伺う、というものでしかない。組合員農家の声は理事会には犬の遠吠えくらいにしか聞こえないのではないか。組合員や単位農協にはその経営管理委員会ですらブラックボックスだ。数次にわたる農協法改正により農水省が管理しやすいシステムを作り上げた、というのは私の邪推なのだろうか。

（『全略新報』〇四年八月十日）

全購連OB鈴木さんを送る——農協は誰のものかを追究

系統農協を考える会を組織

二〇〇四年八月十日に鈴木佐一郎さんが亡くなった、という新聞記事に接した。享年九十歳。鈴木さんは戦前に農協の前身である産業組合に入り、戦後は全購連（全国購買農協連合会、現全農）で仕事をし、最後は農協労働問題研究所の常務だった。しかし私は年代が違うので、現役時代の鈴木さんを知らない。

私が鈴木さんと関わりを持つようになったのは、一九八〇年に系統農協を考える会が発足した時のこと。この会は、農協の自主的なヨコのつながりの組織として出来たもので、鈴木さんはその世話人として八面六臂の活躍をした。

この会が消えても、一人で農協全国連、特に全農の資材手数料問題で情報を集め、それを私たちに発信し、問題提起を亡くなるまで続けた。生涯現役であった。

戦後の農協は、発足まもなく軒並み経営危機に陥り、連合会の整備促進の時期に危機乗りきり策として独特の経済事業方式を確立した。その骨子は①予約注文による計画購買②無条件委託・全利用・共同計算③実費主義手数料④代金現金決済制度、の四つ。鈴木さんはそのシステム作成に関わった、と聞いている。

農協界では今でもこの原則が生きているが、連合会のみに都合がよく、農協段階の購買事業が慢性的な赤字に苦しむ原因となっている。鈴木さんが系統農協を考える会を立ち上げたのは、後輩のメーカーとの価格交渉の妥協的態度、さらには癒着的体質への変質を怒ったことにある、と聞いているが、今は分からないことだ。とにかく、自分の古巣に対して鋭く問題点を指摘し、解決策を提示し続けた鈴木さんに頭が下がるのみだ。根っからの協同組合人だったと思う。

考える会のめざしたもの

ここでは、鈴木さんの志をこの「考える会のめざすもの」から振り返ってみよう。
・会の目的は、単協経営者の相互研究と意思の全国連・中央機関への反映。単協の主要事業について問題点の解決策を探っていくと、そのカギは全国連が握っている。
・戦後の農協は重心を一路中央に移し、全国連・中央機関の主導性を強くする道を選んできた。
・問題提起の前に必要なことは、全国連・中央機関の実態把握だが、情報提供があまりにも不十分であり、巨大化した全国連の問題点を的確に解明し、指摘するのは容易なことではない。
・系統農協はマンモスにたとえられるほどに成長した。大きな組織の中にいくつか異なった見解が存在するのは自然の成り行きであり、むしろ民主的で健康な組織としての重要な組織の条件の一つ。集団の内部にヨコのつながりを持つ「自主的な組織」が存在することがタテに編成された「公的な組織」の機能を補完し、集団の活力を保つために欠かせない条件である。
・事なかれ主義は組織の停滞と老化に通ずる。情勢が厳しく、深刻であればあるほど、組織の内部では率直な発言が尊重され、活発な論議が歓迎されなければならない。
二十年以上も前の文章だが、少しも古くない。というよりも、現状は当時よりももっと事態は悪化しているのではないか。単位農協の全国連直接加盟が実現し、未完成だが組織は二段階制になった。しかし、今までは声、手が届く範囲だった県連がなくなり、全国連が肥大化し、現場との距離は絶望的と言える位に離れてしまっている。

当時の考える会には全国から二百数十組合が参加し、購買手数料、共済事業などの実態調査や総代会運営などについて検討し、全国連とも意見交換、申し入れを行った。立花隆、近藤康男、小倉武一などの各氏の講演を聞いたのもこの会であった。

私はこれまで何度か鈴木さんが提供してくれた資料を使わせていただいたが、改めて鈴木さんの主張のエキス部分を紹介しておく。
・農協の購買部門は連年赤字だ。しかもその額は年々増えてきている。その最大の要因は、農協の手数料が商人系に比べて低すぎることにある。農協系と商人系では二倍の格差がある。

・一般には、「一ダースまとめて買えば安くなる」。これが共同購買の原点だ。多く仕入れれば安く買えるし、安く売ればたくさん売れる。しかし、農協の購買事業ではこの原理が働いていない。メーカーの論理は、全国的な販売網があり、確実な代金回収力がある、そして厳しい価格条件を要求しない、安売り競争もしない、そういうところと付き合いたい、ということだ。農協はそのメーカーの要求に応えている。

鈴木さんはその他にも合併農協の役員制度を抜本的に改革すべし、と主張している。農協の組合員離れ、組合員の顧客化、経営第一主義などの現象は、協同組合としての特性の喪失であり、農協法改正によって経営トップのプロ化、職業化が一般化すれば、農協は普通の企業になってしまう、組合員代表の役員による組合員的「企業統治」体制の確立を、という内容である。私は、組合員代表を経営から疎外している現状の全国連や県連の運営、その元になっている改正された農協法に対しては異を唱えているが、農協現場に戻った今、この問題について鈴木さんと意見交換をしてこなかったことが悔やまれる。

協同組合運動はマラソンと違って終わりのないリレーだ。私は多くの先達からたすきを受けて走っているが、親の世代である鈴木さんからもたすきをいただいた。荒野の中をひたすら走るのみだ。なお、鈴木さんの農協購買事業の問題点、特に手数料率については、ここでは詳しく紹介できないので、三輪昌男『農協改革の逆流と大道』（農文協、二〇〇一）、前掲小久保武夫『よみがえれ心豊かな農協運動』、藤谷築次「購買事業改革の基本課題を考える」『地域農業と農協』第三十三巻三号所載（農業開発研修センター、二〇〇三）、を参照されたい。

（『全酪新報』〇四年九月十日）

全農本体が黒豚輸入――農協の使命とは

農協界にもサプライズ

「サプライズ」は小泉さんのおはこ。度重なればオオカミ少年のように、だれも驚かなくなる。しかし、二〇〇五年一月末の「全農が直接黒豚肉を輸入」というニュースは、農協界のすみっこにいる一人として、「エッ、本当にそんなことをやっていたの。まさか」と絶句した。

二〇〇四年十月に、全農子会社の組合貿易がアメリカ、カナダ産の黒豚を鹿児島県内の業者に販売したことに関して、農水省は全農に六度目の業務改善命令を出したが、この時は「ああ、またか」とそんなには驚かなかった。この事件は、その前から週刊誌などで報じられ、国会の委員会でも取り上げられていて、流れがある程度分かっていたからかもしれないが、この報道はまさに寝耳に水、そしてこれまでとは質の違う出来事なのではないか、ととっさに考えた。組合貿易に黒豚の輸入をさせていただけでなく、全農自身が、組合貿易が輸入した量よりも多く輸入していた、という。

しかも、組合貿易事件の処理、今回明らかにされた全農が直接豚肉を輸入していることを、農水省、経営役員会、理事会に報告していなかった、というのだ（全農ホームページ及び農水省の調査結果による）。経営者も知らないところで、そして経営者に知らせないで、担当者が平然とこのようなことを日常の業務として行ってきた。小さい組織ならいざ知らず、全農という、少なくとも全国の農協経済事業の大本締めでこのようなことが日常行われてきた事実をどう理解すればいいのか、言葉がすぐには浮かばない。

農協の理念、使命とは

「日本農業新聞」の報道では、同省は「報告を上げなかったのは意図的なものではないかと考えている」と見ており、島村農相は記者会見で「全農は農業関係者を側面から擁護する立場。逆に侵害するようなことは目的と逆行する」と述べている。さらに全農理事長が記者会見で、黒豚輸入は全農の理念に反しないと述べたことに対して「もっと厳しく受けとめ、全農に期待される本来の使命に照らした発想にして欲しい。黒豚は鹿児島県にとって何ものにも代え難い基幹産業。これが別の角度から切り込まれたのでは（農協法の）趣旨に反する。反省あって然るべき」と強く批判している。

一般紙はもっと手厳しい。「反省なき全農。黒豚肉偽装など業務改善命令四年で六回。危機感持って巨大組織の意識改革を」（『読売新聞』二〇〇五年一月二十八日）という解説記事は「（今回の問題は）消費者と生産者双方への裏切りであり、国産品の信用を落とすことにもつながる。危機感を持って巨大組織の意識を変えていかなければ、同じ過ちがまた繰り返されるだろう。全農には、農協という組織の内側からだけでなく、消費者の厳しい目も注がれている」と結んでいる。農水事務次官の記者会見の中でも、「短期間に監督官庁から立て続けに六回も業務改善命令を出されるような非常識な組織に対して、業務停止か解散命令等の厳しい処罰をすべきではないか」という質問が出されている。事務次官は記者会見の中で「（全農の考えは）組合員農家の基本的な認識と相当のずれがあるのではないか」と述べているが、それが普通の人の感覚であり、生産農家はやるせない思いでいるのではないか。

人の振り見て我が振り直せ

この辺で全農以外の企業、組織に目を向けて、この問題を別の視野から考えてみよう。

まずはＮＨＫ。先月末に相次ぐ職員の不祥事の責任を取ってトップが辞めた。いや、受信料不払いなどの批判が厳しく、追い込まれて、とうとう辞めざるを得なくなった。しかしすぐに顧問に就任したので、批判、抗議が集中し、わずか三日で顧問を辞退する羽目になった。後任の会長は記者会見で「クレームがこんな大きな話になるとは思わなかった。顧問を委嘱した判断自体は間違っていなかった」と述べている。いさぎよく身を退くべき人を顧問にするということは、それこそ百人中百人がおかしいと思うのに、判断は間違っていなかったという感覚を、マスコミの雄と言われているNHKのトップが持っているということに慄然とする。

同じようなことは、最近では雪印乳業、雪印食品、日本ハム、浅田農産、三菱自動車などで起きている。株式会社は営利を追求するのが目的で設立されている。しかし、だからといって利益になるのから何をしてもいい、ということにはならない。

前に書いたことがあるが、益は私益、共益、公益の三つに分けられる。農協は農民の経済的利益、すなわち私益を増大させることが目的である。一人よりも多くの仲間と一緒にやれば、私益は増大する。これが協同組合としての共益である。株式会社も私益と共益を目的に活動している。

ではそれだけでいいのか。うそ、ごまかしなど社会から批判を浴びることを続けていれば、そして自浄能力を失えば、先の雪印などのように、最悪の場合、その会社は存続しえなくなる。「世のため、人のため」という言葉があるが、まさに世のため、人のためにならない企業、組織は抹殺され、消えていくのが世の習いなのである。しかし、そういう組織の中に身を置けば、こうした常識的な判断は出来なくなってしまうのだろうか。あるいは、分かっていても御身お大事、とものを言わないで、「大過ないように」仕事を続けているのだろうか。

このことを頭に置いて、今回の出来事を総括してみよう。

全農は基本姿勢の冒頭に「全農グループは、協同組合の理念にもとづき、組合員の経済的・社会的地位の向上をはかるとともに、日本農業・地域社会を守り発展させるという基本的な使命を担っています。安全・安心な農畜産物の提供を通じて消費者・取引先の信頼に応えていくことが求められています」という文言を置く。そして、公正で透明性の高い事業活動を行う、高い倫理意識を持ち社会的良識を守って行動する、などの行動規範を謳っている（ホームページから）。これこそ、共益、公益の思想である。しかし現実の姿は百八十度違う。職員への教育不足、管理・監督が不十分だったなどという弁明が世間に通用するのだろうか。全農改革委員会では、内部統制は上場企業水準で、という意見が出されたという。しかし、農水省のトップから批判されてもなお自浄が期待できないとすれば、組合員、農協のレベルから声を上げ、組合員や農協の常識が全農の常識になり、かつまた基本姿勢の通りに運営されるように是正していくしかないのではないか。

（『全略新報』〇五年二月十日）

全農は蘇れるか――改革への意見書

農協現場へはなしのつぶて

「農協という組織は、滅びを待つマンモスのようなもの」という手紙を二〇〇五年秋、コンピュータ関係の方からいただいた。存在理由がなくなった組織は滅びる、という言葉もある。この一年、農業や農協に向かって吹いてくる風は嵐のように強い。四面楚歌、と言ってもいい。とりわけ、農水省から何度も業務改善命令を受けた全農にとってはそうではないか。

私たち農協現場にいる人間にとってはマンモスのように見える全農。その全農は国の命令によって変わるのだろうか。それともマンモスと同じように滅びるのだろうか。

二〇〇五年十二月、全農は秋田県での米取引に関しての業務改善命令に対する改善計画を提出した。提出した「事業の選択と集中、経営の合理化・効率化」などの内容にここでは触れない。

問題にしたいのは、それより先の九月に、全農が全国の農協常勤役員に全農改革についての意見を求めておきながら、二〇〇六年二月までなしのつぶてにしているということだ。

全農のまとめによれば、全国の約半数の四五六農協から千五百近い意見や要望が寄せられた、という。しかしその意見、要望を出した農協に対して、まだ報告や返事はない。全農の意思決定機関である経営管理委員会や理事会でどのような検討がされたのかも分からない。「ご意見をこれからの事業計画に反映させせます」などというおざなりの回答を私たちは待っている訳ではないので、あえて私が全農に出した意見書（全農に対しては回答書）を公表する。

一、新生全農のあり方等、今後の事業運営に関する意見

（1）今後のあり方を考えるためには、まず協同組合とは何か、全農はだれのために、何のために

存在するのかを考えなければならない。その場合、協同組合人が長い年月を経て作り上げてきた協同組合原則に即してどうだったのか、という検証を忘れてはならない。

一九九五年のICA宣言によれば、協同組合の価値とは「正直、公開、社会的責任、他者への配慮という倫理的な価値を信条としている」とある。全農がこれまで指摘を受けてきた事柄は、この原則から外れているといえる。「うそをつく」という行為は全農という組織の私益のためからであろうが、共益即ち協同組合全体の利益、そして公益に反する行為は社会の厳しい糾弾を受け、その企業の存続すら危うくなることは最近の雪印などの例を見ても分かることである。理念の危機は信頼性の危機を招き、経営の危機につながる。

協同組合が他の企業等と違う点はどこにあるのだろうか。「宣言」は組合員中心主義の徹底を強調している。「組合員の満足、理解、意欲、運動者への成長、組合員としての個人の能力の発揮、それに基づく組織の力を戦術的にも戦略的にも最大限に活用すること。営利企業には真似のできないこの長所を活かさなければ発展はおろか生き残りさえ危ないが、反対にそれを効果的に活かせば洋々たる未来がある」。

巨大独占体と同じ体質

評論家の立花隆氏は以前、農協全国連組織について次のように述べた。我々が見て、今でも妥当だと考えられる文章を引用する（立花隆『私の目に映った系統農協』系統農協を考える会、一九八

○）。

「巨大組織は、どんな組織でも官僚化が進行する。権威主義的な支配、形式主義的な支配をよりどころとして、組織全体を動かしていく。一人ひとりが受け持つ仕事の分野は非常に専門的。自分の専門的分野だけで頭を働かし、組織の根っこの基本的な部分を見ることができなくなっている」。

「全国連のテクノクラートたちは自分の受け持つ分野の知識はものすごくある。しかし、農業の現場、農協の現場に対してほとんどまったく正確な知識を持っていない」。

「農民が、組合を核に、非常に小さい個々の組合員の経済単位を全国に結集し、独占体に対抗する力をつける。そこに農協経済活動の意義があった。独占体に対抗する力をつけるためにいろんな方策をつくして成功した。その結果として全国連そのものが巨大独占体と同じような体質を持つようになった」。

「全国連が何のために出発し、何のために存在するのか、根っこの本質的な存在意義を忘れ去って、頭の部分が全部下を手足のごとく動かしてやっていれば、全国連の繁栄はすなわち農協の繁栄である、という感覚に全国連の職員がなってしまっている」。

食産業は生命維持産業

（2）国民の食料を生産し、供給する業務（産業）はどうあるべきか。

今、食料を語るとき、「安全・安心」がキーワードになっている。しかし、その言葉をなんべん唱えても、安全・安心な農産物が供給出来るわけではない。元日本食堂株式会社社長の竹田正興氏は近著『品質求道』（東洋経済新報社、二〇〇五）で次のように述べているが、傾聴に値すると考えるので、重要部分を引用する。最前線で弁当などを提供する実務に携わった人ならではの重い言葉である。

「食産業というものは、実は生命維持産業なのだ」。

「食べ物は人の生命を維持するものだから、単に性能がいいとか、便利だとか、安いというだけでは十分ではない。食べ物づくりは本物であり、健康であり、自然でなければならない。本物、健康、自然の物づくりであり、良心に基づいて作られていなければならない」。

「現在の農業、畜産、漁業、あるいは広い意味での食産業は、食の安全性でいずれも深刻な問題があるのみならず、水や土、空気など、自然を大切にしてきた人類のこれまでの営みが崩れ、大きく環境破壊の方向へそれてしまったのではないか」。

「食べ物の世界では、化学肥料、農薬、抗生物質を使用した工業的な手法による量的な拡大一点張りでは限界があり、品質を大切にした、徹底した顧客志向の考え方が根底にないと、どうしてもうまくいかない。いま、その品質への転換を図るときが来ている。今後、特に消費者が求める品質を大事にしていかないと、これからの農業の発展、食産業の成長はないし、将来の食糧問題、環境問題も解決できない」。

「日本人は迫りくる食糧危機を前に、食品というものをもっと大事に扱い、高品質で安全な食品を自給自足できる体制を作り上げるべきだ。それは、品質優位の食産業、農業を消費者が求め、国は必需食品として、高品質の米、野菜、塩など、主要食糧の自給率を上げ、いざという場合でも、国民の生命健康を守る体制をとるべきである」。

「これからの食糧の問題は、『量』と『質』の両方を満足させる英知が必要で、人間の生命維持と人類の発展を可能としながら、地球環境を痛めない自然循環型の生産方式が求められるのである。すなわち、食糧の量を拡大していくためには、前提としての質の改善が必要で、本物、健康、自然の品質を求めることによって、農業・食産業の自然環境との適合性が生まれ、生産の持続性、拡大の可能性も出てくる」。

全農の常識は世間の非常識

（3）これまでの経過の問題点

「新生全農」というと響きがいい。しかし、本当に新しく生まれるのか、大いに疑問がある。何がどう変わるのだろうか。変わろうとしているのだろうか。国との関係は次に述べる。

今回の『新生全農を創る改革実効策』（案）は、全農改革委員会の二度にわたる答申及び農水省の「経済事業のあり方の検討方向について」（中間論点整理）が下敷きになっている。

驚いたことに、改革委員会の委員に全農の経営役員会副会長が二人入っており、その内の一人は現在の会長である。

驚くのはそれだけではない。二〇〇五年九月二十一日に発足した全農の「基本問題委員会」の委員もすべて現在の経営委員で構成されている。検討するテーマは、経営役員会の権限見直し、監視・チェック機能のあり方、役員報酬など。

自分の処遇、組織のあり方を自分たちで決めるという神経は並みの人は持ち合わせていない。筋道をつければ、あとは他の人に任せるのが世間の常識ではないのだろうか。経営役員の内数名はそのまま居残っている。しかも、改革の方向について答申を出した人が新しい組織のトップに座っている。現在の全農には自浄能力がないと思わざるを得ない。「新しい酒は新しい器に盛る」べきである。それでなければ、全農が新しく生まれ変わるとだれも思わない。「全農の常識は世間の非常識」などと揶揄されないようにしていただきたい。

（4）国との関係のあり方

前項で見たように、今回全農が打ち出した「改革実行策」（案）は、農水省の「経済事業のあり方の検討方向について」（中間論点整理）が背景にある。この文書を一読すると、「全農は、国民の感覚から相当のズレのある行動を繰り返し」とか、「時代の変化にきちんと対応して体質改善を図らなければ、組合員や国民からソッポを向かれる」とかの表現はその通りだと考えられるし、指摘事項の多くは妥当だと考えるが、全体としては全農を国家権力が恫喝しているものだとしか読めない。特に「全農の職員へ」というくだりは、全農職員を侮辱しているものである。権力、権威をカサに着た文書を放置してよいのだろうか。この点は全中が対応すべきことであろう。

この中間論点整理をとりまとめた岩永副大臣は二〇〇五年八月十一日の農水大臣就任の記者会見で、「約三十年間、全農と農水省はあまり仲がようございませんでして、全農は農水省に牙を向いてきたわけでございますし、農水省も全農に対して率直なものが言えなかったということがございました」と述べている。「全農が農水省に牙を向けてきた」のかどうかは知る由もないが、両者を合わせると、国の意向が正確に読み取れる。このような国の権力行使を許していいのか。改めて問われることであろう。

現在の協同組合原則の第四原則は、協同組合の自律と独立をうたっている。「すべての協同組合は、政府との間にすっきりした関係を築くことに絶えず注意を払わなければならない」とある。この第四原則は、政府にも資本にも依存せず、従属せず、ということを表現している。この点で、国も全農も原則を逸脱している、と言わざるを得ない。

農家、農協は赤字、全農は黒字

(5)二〇〇五年八月十二日付け柳澤会長の「全農職員のみなさんへ」という文書について

会長は、改革の柱に次の三つを掲げている。これまで述べてきたことと一部重なるが、吟味してみよう。全体としては、未曾有の危機、厳しい批判、改革、満足度の向上、不退転の決意など勇ましい言葉が踊っているが、会長自身の肉声が聞こえてこない文書である。

「国民の生命と健康を守る農業の発展をはかる」

農協はどのような農産物を国民に供給しようとしているのか、そのために農協、全農は何をするのか。これまでの路線と同じなのか、違うのか。このことを会長はどう考えているのかを明示しなければ、職員は提言しようがないではないか。うそ、ごまかしは通用しないことを銘記すべきである。

「JAの経済事業を通じて組合員の営農と暮らしを応援し、地域と地域農業の活性化をはかる」

農村現場では、後継者はいなくなる、遊休農地は増えている（株式会社の農業への参入の根拠）。これはもはや農業ではメシが食えないからである。農家も農協も経済部門では赤字、しかし全農は黒字になっている。これは食品産業、農業資材産業と同じ構図である。これをどう打開するか。このことに触れない限り、空念仏に終わってしまう。

「事業運営と経営管理に万全を尽くす」

農協組織が一般企業と違うのは、先に見たように、運営の指針に協同組合原則があることである。運動論のない経営論、事業論では企業に負けてしまうだけである。その自覚を持たなければならない。

二、「新生全農を創る改革実効策」で特に力を入れて取り組むべきこと

（1）情報の公開

なによりも情報の公開を

全農はブラックボックス、それがこれまでの全農の姿であった。同じ農協でありながら、分からないことが多すぎた。まず、総代会、経営管理委員会、理事会、各種委員会などの資料を公開すべきである。模範は農水省のホームページにある。さらに、農協、組合員、その他国民一般が自由にものが言えるようにする。何か重要なことを決めるときは、パブリックコメント制度を導入すべきである。

（2）生産資材価格の引き下げ

これまで長いこと、組合員や農協現場からは「ホームセンターや小さい肥料商、農機具屋と農協の値段が同じか、やや高いのはおかしい」という素朴な疑問、問題提起がなされてきた。しかし、経済連も全農も、農水省ですらそうした声を無視してきた。このことについては、識者の多くも全農の仕入れ価格が高いからだ、と言い切っている。メーカーと全農が独占の弊害であるカルテル価格を決め、それを農協、組合員に押しつけている。同じ肥料が輸出価格よりも高い。国際価格と比較すれば、そのことがはっきりするが、全農はそのことに触れようとはしない。流通の合理化などで解消できる問題ではないので、原価の公開等も含めて早急に実施して欲しい。全農は黒字、農協は赤字、農家経済も赤字。これでは誰のための全農なのかと言わざるを得ない。これまでの経過から、我々は、県本部はこの点については当事者能力がないと判断しているので、全国本部で対処して欲しい。テクノクラートのおやりになっていることを我々は信じない。

（3）手数料の一元化

全農の取扱品について、全国本部と県本部が二重に手数料を取っていることを知らなかったが、これは犯罪行為ではないのか。我々の農協で、本店と支店で二重に手数料を取ることが許されるであろうか。「全農の常識は農協、組合員の非常識」である。

（4）県本部の事業（子会社を含む）について

単位農協の監視・監督権限がなくなっている。農協代表による運営委員会があるが、形式的であり、形骸化している。我々による監査も実施されていず、聖域になってしまっている。子会社はさらにひどい。農協の意見が通るような運営を望む。

（5）事業の一体的運営と移管

単位農協での運営が苦しくなっているのは現実だが、県域での事業統合を進めれば、農協の事業範囲が狭まり、結局農協全体の首を絞めることにつながるのではないか。流通、農機、ガソリンスタンド、エーコープなどの事業を県域でやることは、全農の生き残り策でしかない。

（6）その他

この「改革実効策」が実現すると、農協はどうよくなるのか、農家の経営と暮らしはどうよくなるのか、それを描くべきである。全農だけがよくなるのでは、これまでと同じである。満足度という表現はあいまいである。

三、全農の事業・運営全般についての意見

（1）全農合併は失敗

信用事業、共済事業は全国一本で通用するが、農業生産を主とする経済事業は地域、県域でまったく異なり、もともと全国一律の運営は不可能であり、整合性が図られていない。そのことが現在多くの問題として噴出している。迷ったら、元に戻るべし、である。農水省からの業務改善命令を受けているのは、大半が出先、子会社であり、統制が利いていないことを示している。このこと自体が、合併（統合）が失敗だったことを物語っているではないか。

（2）経営管理委員会制度について

もともと、住専問題の発生から国は農協になじまない制度を導入してきた。職員出身の理事会が機能しているとは考えられない。国や県との関係でも、そのいいなりになる可能性が大である。協同組合民主主義の観点から、さらに農協が運動体であることを考えて、全中とも協議し、今後検討課題とし、早急に解決すべきである。

（3）外部からの農業・農協批判について

財界、国、マスコミからの相次ぐ批判に続いて、最近では日本生活協同組合連合会（日本生協連）からも厳しい農業批判が出された。これらに対して、全中も含めて農協陣営は無抵抗、無批判でいる。こういう状況を放置してよいのだろうか。広報セクションが窓口としてよいのかは分からないが、全中、農中、全共も含めて総反撃すべきである。

（4）最後に

このペーパーはどのような取り扱いを受けるのだろうか。全国本部や経営管理委員に伝えられるのであろうか。フィルターをかけられて、抽象的な回答だけでは我々は納得できないし、そうなれば、今後はこのような提言をしなくなる。

（本稿は、〇五年九月に全農に提出した回答書（意見書）に加筆したものである。全農は農協宛に、二〇〇六年三月に「十八年度事業計画ならびに新生プラン」を添付した礼状を出したが、私の意見書の内容には触れていない）

肥大化しすぎた資金量――農協の信用共済事業

農協の信用事業とは

農協の組織、経営問題や農協から見た生協など触れてこなかったテーマ、課題を積み残しているが、ここでは農協、特に経営にとっては大事な分野である信用、共済について現状と問題点を見ておこう。財界や一部研究者から信用・共済事業と経済事業の分離論が提起されているが、農協の運営、活動にはそれだけ信用、共済事業が重要である、ということの証明でもある。

世界の農村における協同組合の歴史をひもとけば、信用組合からスタートしたケースが多い。わが国の農協法でも、農協が行える事業として長いこと「組合員の事業又は生活に必要な資金の貸し付け」と「組合員の貯金又は定期積金の受け入れ」が最初に置かれてきた（法第一〇条。現在は、組合員の農業経営と技術向上に関する指導、が最初に置かれている）。

戦前の農村では、農家が必要な資金を銀行からはまず借りられず、高利貸しから借りると暴利をむさぼられる。そこから組合が出来、農家の余剰金を集め、借りたい人に貸し出す相互金融として信用事業が始められた。

今日でも農協は、組合員から貯金として資金を預かり、その資金を貸出等に運用している。また、組合員の経済活動や生活上の資金の動きに伴う資金決済を事業活動として行っている。こうした信用事業それ自体は、一般の金融機関と何ら変わるものではなく、組合員や事業利用者の農協との日常的・具体的な関わり方も、一般の金融機関と変わるものではない。

歴史的な由来はともかく、現在の農協の信用事業が一般の金融機関と同じであれば、農協という垣根は要らなくなる。では、何故農協の信用事業があるのか、一般の金融機関のやっていることとどう違うのか。

一般の金融機関は、資金を集め、それを運用し、自らの資本を増殖する。その結果として、自らの経済活動力を拡大し、強化することが基本目的であり、そのことが社会的存在意義でもある。資金を集め、運用することが自己目的化する。

それに対して、農協の信用事業は組合員、事業利用者の共通の目的、即ち相互金融を達成するための手段である。その実現のために「資金を集め、運用する」。

ＪＡバンクは農協か

しかし現実には、貯貸率（貯金と貸付金の比率）は農協段階で二六・八％、県段階の信連で一〇・一％（〇五年）であり、多くの農協が、組合員の通常の経済活動に必要な資金量を大幅に上回っている。この膨大な資金量の源泉は、農業収入からではなく、バブル期の土地代金に象徴されるように、大半は農外勤労所得、土地売却代金、年金である。

集まった金は運用しなければならない。そこで住宅金融専門会社（住専）に際限なく貸し込み、最終的には国からの税金投入がなされたのが「住専問題」だった。当時は農協組織だけが責任を問われることではなかったが、農協内部の経営管理能力、行政・政治依存体質が問われたゆえに住専問題は政治問題となった。今日でもなお農協は地域では弱小金融機関であり、全国段階の農林中央金庫は大手都銀並みである。

住専問題の発生を契機に、国は農協への圧力を強め、「ＪＡバンク」が誕生する。これは、農協、信連、農林中央金庫が一体となった運営を行い、「組合員・利用者にとって利便性の高い商品・サービスを提供」し、「破綻を未然に防止し、破綻処理の受け皿を確立する」というものである。

組合員にとっては耳障りのいい言葉である。しかし、私は「ＪＡバンク」は協同組合としての信用事業とは似て非なるもの、と考えている。農協は基本的に個人金融機関であり、地域が基盤である。大手銀行と対等に競争することは考えない方がいい。農協段階での肥大化しすぎた資金量と運用・管理能力との開差をどう縮めるのか、地域の協同組合事業体として他の金融機関とどう差別化を図るのかなどが問題であり、課題である。しかし現実の農協経営では、事業総利益貢献度が共済事業と並んでウエイトが高く（茨城では〇五年度で信用が二八・七％、共済が三〇％）、背に腹は代えられないという声に圧倒されてしまう。

共済事業の現状と課題

共済事業は農協経営による保険事業である。農協の事業としては後発の部類に属し、戦後の農協組織の発足と共にスタートした。しかし、農協自体の整備拡充と積極的な推進（この表現を私は好まない）によって、共済事業は急速かつ飛躍的に成長したし、先に見たように、農協経営への貢献度が高い。また、今日では国内の保険業界でも大きな位置を占めている（資産規模では四十二兆円で生保第二位）。

共済事業の役割は、一般には、組合員の生活上、経営上の危険をその実情に適応した方法で有効に保障すること、蓄積された共済資金の一部を組合員及び農村に還元活用すること、とされている。また、事業実施当初から生命共済と損害共済を兼営している。農協共済の強みはいろいろあるが、建物更生共済の自然災害に対する保障の評価が高い。九五年の阪神・淡路大震災で一一八八億円、〇四年の台風一八号で一〇六五億円、新潟県中越地震で七五五億円などの加入者支払い実績がある。

保険業界全体では、国内生保は新規契約高、保有契約高が減少傾向にあり、一方、外資系生保、損保は業績をあげている。簡易保険も縮小傾向にある。

農協共済にあっても、若い世代の契約の解約・失効が多く、六十歳以上の契約者が生保よりも割合が高い。毎年、新規契約高で実績を挙げても、保有高が年々減少しており、農協経営に影響が出始めている。

これらの背景には、共済事業だけではないが、農業従事者の高齢化、減少、農家の兼業化、農村の混住化、農家所得の低迷、組合員と農協の関係の希薄化など複合的、構造的な要因があり、今後より急速に進行することが予測される。

ここまでは一般的な話、ここからは現場に身を置く者としての見方である。

これまで農協共済が伸びてきた最大の要因は、役職員や組合員も一体となった組織推進であった。いわば「顔」で契約を取ってきた。しかし、組合員や生保業界の批判、親世代だけの対応などで限界が見え、職員へのノルマ配分、LA（ライフアドバイザー）の恒常推進などに変わってきている。

他に業務を抱えた職員はなかなかノルマを達成できず、組合員に既契約のものを大型に切り換える「転換」を勧めたり、途中解約を承知で契約したり、それでも足りない場合は「自爆」と称する職員や家族が加入するケースが増えている。かつての推進は短期間に行われてきたが、現在は年中推進に追われ、職員は疲れ切っている。若手の職員が農協を辞めるのは、共済や生活資材の推進が出来ないからだとも言われている。新規契約が目標を達成出来ても、保有契約高が減少しているのはこれらのことが原因である。

伸びている外資系生保や損保に対抗するには、長期の積み立て式から掛け捨て式にウエイトを置き換えるなど抜本的な対策が必要である。

（本稿執筆にあたっては、杉浦八十二『農協危機のありかと再生への視点』総合農学研究所、二〇〇二を参照した）

（『全酪新報』〇六年四月十日）

「農協論」の危機は農協の危機――原則無視は滅びへの道

「農協論」が大学からなくなる

筑波大学生物資源学類（農学系）では二〇〇二年四月からの新年度、「地域資源組合論（農協論）」という講義をなくす、という話を聞いた。その理由は、受講する学生が年々減少しているためだ。経済のグローバル化が進み、内外とも弱肉強食の傾向が強まっている。企業や農協、生協、漁協のみならず、市町村も合併への道が敷かれ、「大きいことはいいことだ」という風潮が世間を支配している。協同よりも競争という今日、協同組合論を学ぶ魅力が薄れてきていることを反映しているのであろう。代わりに学生の要望が強い環境問題を講義に入れるそうだ。関係する教授の話によれば、全国の国立大学の農学系学部の中で、「農協論」の講義があるのは十学部位に減ってしまっているそうだ。

わたしは毎年、関係する大学等で講義の最初に、農協は次の五つのうちどれか、を聞くことにしている。「農協は行政機関の一部である。半官半民の組織である。民間の営利を目的にしない組織である。民間の営利企業の一種である。いちがいにはいえない」。農協を営利企業と考えている学生は毎年ほぼ約半数で、非営利組織と答える学生は二割前後しかなく、郵便局などと同じ行政機関と見ている学生も一割前後はいるのだ。

また、農協について知っていることを書いてもらっているが、農協の建物を見たことがあるけれど、中へは入ったことがないとか、農協牛乳、農協貯金、農協共済、Aコープなど断片的なことしか書いていない。また農協に対するイメージについても、おじんくさい、ダサい、古い、保守的、農民の役に立つ仕事をしていないなど、ほとんどの学生はマイナスイメージでしか農協を見ていない。

数年前までは、わたしは農学系、もしくは就農予定者なのに農協のことを知らないなんてけしからん、と思っていた。しかしこのごろは、実際に農協がやっている事業などから判断すれば、学生の見方もまるっきり間違ってはいないのかな、あるいはその方が正しい見方なのかな、などと思ってしまうのだ。

学生は農協のことは白紙の状態だから、教えやすいと言えるかもしれないが、わたしは農協の理念、歴史、組織、事業、他の協同組合との比較、問題と課題などを、日本農業の実態と重ね合わせながら、現場の感覚を大切にしながら学生に教えている。そして、夏休みや冬休みに自分の行きたい農協を訪問してもらい、レポートを出してもらっている。そうすることによって、最後には農協の活動は奥行きが深く、また農協は良くも悪くも農家の経営と不可分の関係にあることなどが理解されるようになってきている。

問題は農学系の大学で農協論が消えてしまっていることだけではない。おひざもとのわが農協陣営に目を転じてみよう。協同組合短期大学を改組し、一時は四年制大学への移行を目指した中央協同組合学園は既になく、わたしの県の農協学園（農村研修館）も長期研修生の募集は数年前に打ち切っている。

農協についての基礎知識を持たず、農協は普通の会社と同じく営利企業だと考えている学生が農協へ就職し、農協へ入っても事業の推進に追われる毎日だ。そして農協は協同組合であり、銀行や保険会社、商店などとは違い、組合員のために仕事をするところなのだと先輩からは教えてもらえない。そのような農協に果たして未来はあるのだろうか。

そして、学校現場で使う農協論のテキストはこれまでにたくさん出版されてきたが、わたしにとっては最近の農業や農協の変化を読み取り、展望を切り拓くようなものは見あたらない。二十年前、三十年前に出版されたものは今日ではそのままでは使えないので、今では自分で作るしかないと考えている。

雪印事件の教えること

二十一世紀は競争から共生へ、二十一世紀は協同組合の時代などという話がつい最近まで、それこそ鳴り物入りで語られ、わたしもそうなればいいなと思い込んでいた。工業化＝都市化一辺倒の二十世紀的手法は見直しを迫られ、戦争から平和へ、経済から環境へ、中央集権から地方分権へ、画一化から多様化へ、効率性追求から人間性追求へ、それが二十一世紀のトレンドだと言われている。傾向としてはそうであっても、歴史はまっすぐには進まないということが二〇〇一年九月以降、わたしたちに明らかにされた。

考えてみれば、人間の作った暦が新しくなったからといって、世の中がすっかり変わることなどありえない。そして協同組合はその時の経済の仕組みに強い影響を受け、その中でしか活動することはできず、二十一世紀になったからといって、協同組合的地域社会がたやすく実現することなどありはしない。「遠くなる食と農」と言われている今日の国民の食料、それを生産する農業と農村をどうするのか、誰が担い手になるのか、そのことを抜きにして農協の展望を語ることはできない。

ところで今、食品業界は狂牛病（ＢＳＥ）問題に端を発した不正表示でガタガタだ。その震源地である雪印食品の親会社・雪印乳業は、その源は田中正造の高弟であった黒澤酉蔵が北海道に渡って起こした産業組合（協同組合）である。ロッチデール以来の歴史をひもとくまでもなく、協同組合の原則のひとつは、純良な商品を供給し、目方や尺度をごまかさないというものであった。しかし、さきの雪印乳業と合わせ、今回のやり方は、立ち上げの理念理想とはかけ離れた協同組合原則に反する行為で、泉下の田中正造や黒沢酉蔵も号泣しているのではないか、とわたしは思っている。利潤を追求する一般企業であっても、このようなことは許されないし、事実雪印食品は解散することになった。そして今回の事件から、協同組合が資本に転化すると、いとも簡単に協同組合原則など棄て去ってしまうものなのだということが教訓として残された。さらに、肉に限らず、例えば魚沼産こしひかりの流通量が生産量の何倍かにふくれあがるとか、輸入の野菜を国産と偽るとか、農産物全般に不信感が消費者の間に広まっていることも問題だ。不当表示、不正表示は論外であり、自分の首を絞めることである。一度失った信頼関係を回復すること、風評被害を克服することのためには長い時間と膨大なカネがかかり、きわめて大変なことである。そのことは水俣病で苦しんだ水俣市やＪＣＯの事故が起きた東海村などの事例から学ぶことができる。今あらためて、たべものの基本は地産地消であると考えている。

有機農業と農協

ここで話題を転じたい。二〇〇一年、ＪＲ東日本系の弁当会社が、アメリカ合衆国から有機米で作った冷凍の弁当を輸入して、国内の弁当の半値位で販売することに対して農協陣営が猛反発した、ということがあった。会社側の説明では、国内では数百トンの有機米の手当てが出来なかったからだと言う。確かに、今の農協ではそれは無理なことと思う。しかし、国内に数百トンの有機米がないのではない。あるけれども、ほとんどの農協は管内のどこで誰がどれだけ有機米を生産しているか、つかんでいない。というよりも、これまで有機農業生産者をほとんど無視してきた。もっと言えば、迫害視してきた。だから生産者は苦労しながら、自分で販路を開拓してきた。

今ごろになって「安全システムの取組み」「環境保全・循環型農業生産の展開」などと言われても、現場の職員はこれまで進めてきたやり方をどう修正し、地域で何をしたらいいのかがわからない。また有機農業生産者は「農協はいまさら何を言ってるんだ」とそのような言葉を信用しない。わたしは現在有機JAS認証機関（NPO法人）にも関係しているが、農協で関わっているのは一事例しかない。都道府県などが行っているガイドライン表示に関してもほぼ同じことが言える。

アメリカ合衆国から有機米を輸入することがいいかどうかの論議はさておき、有機農業または環境保全型農業に農協はどう対処するかということの問題の根源にさかのぼらないと、解決策そして農協の方向は見えてこない。雪印問題についても、雪印乳業が農協陣営を中心に再編されるというニュースが流れているが、協同組合が目指したものは何だったのか、雪印がどこで狂ってしまったのかの確認と検証が急務である。その作業を怠れば、また同じことが繰り返されるであろう。

危機意識のないことが危機

さて、農協論という科目を置く大学が減り、職員を養成する農協学園などの農協系の学校も、やっていることは、資格認証やコース別の実務だけの短期研修が中心になってしまっている。農協研究の大御所である三輪昌男氏は最近の著作『農協改革の逆流と大道』（農文協、二〇〇一）の中で、農協研究や論争が低調で、新しい農協論が生まれてこない、特に若い研究者が育っていないと述べておられる。そのことは農協の今日の実態を反映しているのだろうが、このことこそが農協の最大の危機である、と考えるようになった。

二〇〇一年農協関係法が改正され、営農指導事業が農協第一の事業として位置付けられた。また信用事業もＪＡバンクとして全国一本化の方向で作業が進められている。これらは、農水省の意向に沿ったものだと言われているが、農協陣営が自らの主張を持ち、組合員の経営と国民の食料に責任を持ち、消費者の信頼を得られるためには、殻に閉じこもるのではなく、まず何を守るべきか、何を創るべきか、何をしてはならないかを自ら明らかにすることが必要である。その上で、学生や研究者に魅力を感じさせる活動を展開する。それを受けて研究者が農協について甲論乙駁し、二十一世紀にふさわしい農協論が多数出てくる土壌を醸成していく。その繰り返しが農協運動を活性化させていくのではないか。そしてそれ以外に明日の農協はないとわたしは考えている。

ここまで書いてきて、全農の子会社全農チキンフーズが、輸入鶏肉を国産と偽って生協に販売していたというニュースが飛び込んできた。事実関係は今後明らかになるだろうし、組合員や農協がどう対応するのか、全農や経済連の農畜産物全体の販売がどうなっていくのか、今のところ予測がつかない。しかし、生産者団体である全農の子会社がこのようなことをやったことの影響は、雪印乳業や雪印食品の比ではない。このニュースを聞いてわたしは発する言葉を失ってしまった。

してはならないことをすれば、何らかの形で必ずその報いは来る。協同組合原則を踏み外せば、それはもはや協同組合ではない。わたしはそう考えている。

(『協同組合経営研究月報』〇二年四月号、協同組合経営研究所)

危機、されど盛り上がらず——第二十三回全国農協大会議案審議経過を見て

開かれた大会か

かつてない危機の中で、第二十三回全国農協大会が開かれる。危機とは農業の危機であり、農協の危機である。関係者はその危機をどれだけ深く認識しているのだろうか。

私は、第二十三回の全国大会議案(組織協議案)についてこれまでに私見を述べてきたので、重複は避け、今何が問題なのかを整理してみたい。

議案は、今回の大会を実践する大会、開かれた大会にし、改革を断行する、とうたっている。実践するかどうかは今後の課題であるので、後段の開かれた大会なのかどうかをまず検証しよう。

私は、今回の議案審議がどう進められたのか、農協や県連からどのような意見が出されたのかを農協全国連と県中の関係者に聞いたが、確たる答えは得られなかった。ベールに包まれた密室での作業としか思えない。念のため、全中のホームページを開いて見た。JA改革推進会議、経済事業

改革、米改革などは出てくるが、今回の農協大会に関しては、プレスリリースの中に、組織協議案の概要（二〇〇三年四月三日）と大会への一般参加者の募集（二〇〇三年九月一日）が載っているだけである。議案そのものも、審議経過も分からない。知ることもできない。ちなみに、私のいる茨城県では、県大会の議案に対して、各農協などから四百以上の意見が寄せられ、各農協に配布されている。

私は、農水省の「農協のあり方についての研究会」に対してもその進め方、内容に異論を述べてきたが、研究会の会議資料や議事録が農水省のホームページで公開され、また農協改革ボックスにも多くの意見が寄せられ、我々がそれを閲覧できるということを評価する。農水省の施策や法律案に対しても、どれだけ通るかは別にして、パブリックコメントという形で私たちは意見を述べることができる。

しかし農協界では、今回の大会議案の審議過程がまったく不明朗であることひとつとってみても、とても「開かれた大会」であるとは思えない。「情報公開を通じて組合員・地域住民からの理解を得つつ、自主・自立の民主的運営を行います」と書いてあるけれども、このことは大会が終わってからのことなのか、とためいきが出てしまう。

今回の大会原案について、これまでに農業、農協関係の新聞雑誌にかなりの論評、意見、感想が出されている。しかし、農業生産者や農協の役職員、すなわち農協現場からの意見はほとんど見られない。また、大会関係の記事が一般紙・総合雑誌に出てこない。それは何故なのだろうか。

それを解くカギとして、私は岩手県西和賀農協・細川春雄専務の次の表現を引用したい。「（農協に）大会組織協議案がおりてきて、理事会で討議することになったが、討議にならない。だれも読まないのである。いや、読めないのである。（中略）大会草案というのはえてして無味乾燥なものであるが、普通我慢して読む。しかし、この文書には、なぜか心が感じられず、読む気がしないのである。ロボットの語る機械語の語感だ」（『文化連情報』〇三年九月号）。

おそらく、大半の農協組合員は農協大会が開かれることを知らないか、知っていても「オレにはカンケイないや」と思っているのではないか。農協の役員や職員も、細川専務の言うように、見たとしても読む気がしない。だから、感想、意見も出てこない。こうした雰囲気の中で十月十日（二〇〇三年）には全国大会が開かれるが、大会が終わってから、誰が書いたか分からない、心がこもらない決議を実践することなど考えられないではないか。

農協陣営内部でさえそうなのだから、マスコミ一般が関心を示さないのは当然のことである。

今回の農協大会原案に対するこれまでのコメントを私が見た範囲で整理してみると、農水省のあり方研究会の報告書とほとんど同じ内容である、生活活動の位置付けが弱い、連合会組織の役割を過小評価している、ＢＳＥ問題、一連の偽装表示、不正表示など食の安全性を揺るがしたことについての反省が弱い（ない）、食と農の距離をどう縮めるかをもっと具体的に書くべきだ、農協運動の原点の確認をする必要がある、農協の置かれている環境、時代の変化の認識が不十分、切迫した問題意識や緊張感がない、農協の特徴である組合員組織をどう活用しようとしているかが見えない、

「選択と集中」とは所詮赤字部門の切り捨てではないか、など多様である。

農協は何をすべきか

私は、それに加えて、この決議が実践されると、組合員農家の暮らしがどう変わっていくのか、良くなっていくのか、という視点を持つことと、農協の日常の活動や運営の中で組合員の役割を明確にすることが必要である、と考えている。それは、農協は誰のために、何のためにあるのか、私たちが農村社会で暮らしていくのに協同活動は何故必要なのかという原点に立ち返ってものごとを整理してみたら、ということでもある。

山口一門さんはかって「農協の協同組合としての事業活動は、その行為の発生のプロセスからみても、農民の営農なり生活の路線上に発生する。問題の解決、期待や願望の実現が自己完結では不十分であるか、不可能な部分を協同活動によって処理していこうとしたものが事業であり、当然すべての事業は、組合員の営農と生活の延長線上に仕組まれたものであるべきはずのものである」と述べていた（『農協と営農指導を考える』全中、一九八〇）が、このことは今日でも農協と組合員の関わり方を考えていくベースになる、と私は考えている。

戦後の民主化政策の一つとして農協が誕生して五十年余。社会経済情勢の変化の中で、農業の地位は大きく後退し、大半の農家は農業だけでは生活ができず、国の農産物の自給率も四〇％にまで落ち込んだ。その責任を農協がひとりで背負う必要はないが、農家の営農、生活上の問題解決、期待や願望の実現のために、農協そして個々の組合員はこれまで何をしてきたのだろうか、そして何をしてこなかったのだろうか。「農家のための農協ではなく、農協のための農協になってしまっている」と国に言われて、私は平気ではいられない。

組織討議の結果は

さて、「組織討議」の結果、大会議案はどう変わったのだろうか。識者のコメントは活かされたのだろうか。

まず、農協の役割については、「JAグループのめざすべき方向」の冒頭に「JAの運営と事業活動は組合員が主体です。組合員に貢献することがJAの本質的役割であり、JA経営理念の基本です。事業運営にあたっては、JAへの結集をはかり、良質で高度なサービスを低コストで提供し、組合員の所得向上につとめていきます」という文言が挿入された。当たり前のことが当たり前に書かれているが、素直に評価しよう。

問題はこれまで進めてきた農協の活動、事業に対する総括である。あり方研究会の報告書では、偽装表示事件を始めとする不祥事は農業者に対する背信行為である、組合員のための組織ではなく、組織のための組織になってしまっている、合併で規模が大きくなったが、それに見合った運営ノウハウが未確立だ、消費者ニーズを踏まえた農産物販売になっていない、などの問題点を指摘している。これに対して大会議案では、課題として「食の安全・安心を揺るがす事件」など指摘されていることに関連する項目を五つあげ、取組み結果を羅列して掲げているだけで、何故そうなってしまったのか、誰の責任なのか、どうすれば改善されるのかなどにはまったく触れていない。

農協はうそをついてはいけないということは、ロッチデール以来の協同組合として守るべきモラルだが、近年に農協陣営が相次いで不祥事を起しているということは、一担当者、一農協だけのことではなく、農協全体の体質に由来する。そしてその根っこはもうければいいという市場主義、競争原理にある。一方で市場主義を批判し、「共生」をうたいながら、市場主義から生じた不祥事について、「食の安全性への対応が急務となっています」と他人事のような表現で済ませてしまっている。しかし国民の食料供給を担う農協が、ここできちんとした総括をしなければ、今後もまた同じことが起きるであろう。

重視すべし組合員組織

この点では、一九七〇年の農協大会で決議された「生活基本構想」にある「農協運動の反省」という総括が今でも有効である、と私は考えている。そのエキスの部分を引用しておく。

「農協が、その基盤である農業者、農業、農村の変化に対応できず、しかも企業との競争にうちかてず、組合員に利益と便益をもたらしえなければ、その存立さえむずかしい」。

「(農協の)事業が運動として展開されるためには、構成員が協同して企画し、協同して活動に参加することが基本であり、構成員の間の人的結合が前提となる」。

「組合員の意思にもとづく企画、活動への参加がうすく、役職員が組合員を顧客としてとらえたり、組合員が農協を他の企業と同列視したり、連合会が農協を事業推進の対象としてのみとらえるのでは、それは農協運動の実態をそなえているとはいえない」。

これらの指摘以外にも、経営能率の向上、質的向上の目標設定、総合機能の発揮、生活活動の積極的展開などについて触れており、今日でも充分に通用する分析がなされている。そしてここには、農協と組合員とを分けてしまう「組合員の負託に応える」というような考え方が入り込む余地はまったくない。

農協という組織が他の企業と決定的に違うのは、農協には組合員の組織活動、協同活動があるということである。農協の優位性はそれしかない。農協はこれまで生産部会、女性部などの組合員組織による協同活動によって支えられてきた。今日でも、モデルといわれる農協はこれらの組織がフルに動いている。生協の班活動も同じであり、生協はその特性を活かすことによって急成長を遂げてきた。これらの組織活動は組合員の無償労働であり、これを職員が担えば、コストは高くなる。

しかし現在では、各種の事業推進で分かるように、組合員と農協職員とのつながりが一対一の関係になってしまっている。そうなれば、組合員にとっては価格やサービス面で農協が安いか高いか、親切かどうかなどが判断基準になる。農協が自らの優位性である協同活動、組織活動を放棄してしまって、企業と同じレベル、土俵で競争していいのだろうか。

大会議案を見ると、「JAグループの重点実施事項」の最後に、「協同活動の強化による組織基盤の拡充と地域の活性化」があげられている。そして具体的な項目として、組合員組織の活性化と結びつき強化、組合員ニーズに応じた取組みと組合員加入促進、食と農を軸とした地域の活性化と食農教育の展開などを打ち出している。

字面だけ追えば、まったくその通りなのだが、農協はこれまで手間暇がかかる割にはカネにならないこれらの活動を避けてきた。ホントに出来るのかなと考えてしまう。

私は環境問題に関心ある市町村で構成している環境自治体会議の活動に関わってきたが、議案にある食と農を軸とした地域の活性化や、農地の多面的利用と景観を保全するまち・むらづくりなどは、既に東京都日野市、山形県藤島町、埼玉県宮代町などで農業基本条例や人と環境にやさしいまちづくり条例の制定、農を活かしたまちづくりなどそれぞれの地域にあった取組みがなされている。各地のまちづくりの事例を見ると、むしろ農協の方が遅れているのではないかと思う。

この項目の最後に、安心で豊かなくらしづくりがあり、生活活動の整理と重点化があげられている。その内容は、事業収支を重視し、何をやるかを選別しなさい、ということである。このくだりを見ていると、筆者は農協の生活活動とは何なのか、これまでに生活活動が果たしてきた役割を知らないのではないか、と思ってしまう。

これ以上細部について触れられないが、総じて、議案をまとめるにあたって、寄せられた意見はほとんど反映されなかったのではないかと思える。現場にいる我々はやはり自らが処方箋を書かなければならない。

（『農業協同組合新聞』〇三年十月十日）

第二節　生活基本構想の復権を

研修は教育の一部――社会の不公正打破が目的

斬新な生活基本構想

必要があって、農協の「生活基本構想」を読んだ。この生活基本構想が農協全国大会で決議されたのは、もう三十年以上前の一九七〇（昭和四十五）年だった。今に続く米の生産調整がスタートした年である。

農協はその前に「農業基本構想」を打ち立て、営農団地の造成を基軸として高能率・高所得農業の実現を目指していた。それとあいまって組合員の生活の防衛・向上を図るために策定されたのが生活基本構想だった。

しばらくぶりに読んで、その新鮮な感覚、正確な現状把握にびっくりした。

「農協が、その基盤である農業者、農業、農村の変化に対応できず、しかも企業との競争にうちかてず、組合員に利益と便益をもたらしえなければ、その存立さえむずかしいといわねばならない」。「その意味で、将来へのはっきりした展望に立ち、未来を先取りする形で、この激動の時代に積極的に対処することが要求される」。

「（農協の）事業が運動として展開されるためには、当然、構成員（組合員）が協同して企画し、協同して活動に参加することが基本であり、構成員の間の人的結合が前提となる」。

「組合員の意思にもとづく企画、活動への参加がうすく、役職員が組合員を顧客としてとらえたり、組合員が農協を他の企業と同列視したり、連合会が農協を事業推進の対象としてのみとらえるのでは、それは農協運動としての実体をそなえているとはいえないだろう」。

そして言う。

「他の企業と違って協同組合の強みは、不特定多数の者によらず、特定された人々によって組織されていることにあり、それは、組合員の積極的な組合運営参加によってこそ発揮される」。「これとともに、協同組合の持続的な発展をはかるために、ふだんに教育活動を展開していかなければならない」。

評論家や研究者のような農協組織の外の人が言っているのではないことに驚く。

この生活基本構想は、当時の農協運動をきちんと総括し、農協は、組合員の農業生産と生活を守り、向上させるのが使命であるとして、それまでの衣食住を中心とした生活改善から組合員の生活全般に関わる活動を展開していく筋道をはっきりと示し、高らかに宣言した。

農協は立派なことをスローガンに掲げるけれども、それがどうなったかの検証をしない組織だと言われてきた。基本構想だから、国でいえば「農業基本法」のようなものだと思うが、この生活基本構想は一体どうなってしまったのだろうか。この構想は間違っているから止める、ということをその後の大会で決めたとは聞いていない。

三十年以上経った今でも、引用した指摘は農協組織にそのまま当てはまる。いや、その当時よりも状態はもっと悪くなっているのではないのか、というのが私の感想だ。

教育と研修の違い

さて、生活基本構想の認識、反省をもとに、農協での研修と教育とが同じかどうかについて考えたい。

企業は、経営者や社員の教育、自己啓発、研修を非常に重視している。それは、経営者や社員の能力を高めていかないと、今日の知識や技術のめまぐるしい進歩についていけず、他企業との競争に負けてしまうからだ。

このことは農協についても当てはまる。役員や職員が農業技術、農産物、食品、消費の動向など常に新しい知識や技術の習得に励み、能力をつちかって、絶えず組合員のニーズに応えていかなければならない。

このために、例えば茨城県では農協中央会が新任理事、監事、管理職、新採職員などの研修会、部下育成、事業戦略、債権保全などのセミナー、簿記や税務、パソコンなどの専門研修などのカリキュラムを組んでいる。

今までにもこうした研修はかなり徹底して行われてきたと思われるが、その効果はどうなのだろうか。役員や職員の動きからはそれがどうも目に見えてこない。それは何故か。

職員が業務を遂行するための知識技能、技術の習得は専門職としては当然のことだ。農機具や自動車の整備、貸し付け、共済、肥料、農薬など担当職員は深い知識を知っていなければならない。そうでなければ組合員は農協を頼りにできないだろう。

しかし、それだけでいいのだろうか。「農協の教育予算は九割以上が研修に当てられている」と言われている。教育イコール研修と考えられている。

営利企業と農協

現代社会では営利企業は放っておいても自然に生まれ、繁茂していく。しかし協同組合はそうではない。かつて農協運動のリーダーだった一楽照雄さんは「協同組合の目的は、公正な社会をつくること」であり、「現代社会の不公正が具体的にどんな形でどこにあるかを学習し、改革の方向を打ち立て、ビジョンをもって、その方向に向かって努力していくことが大事だ」と語っていた。

この一楽さんの言葉を言い換えれば、農協に出資金を払い込み、事業を利用するだけでは組合員としては不十分、ということになる。組合員、役職員が構成員にふさわしい知識、技能、態度、行動力などを身につけていくためのさまざまな学習が農協における教育なのである。

だが、今の農協教育の現場で、果たして一楽さんのような、また生活基本構想のような問題意識があるのだろうか。どうやって組合員に売り込み、金を集めるかといったテクニックの研修が多いのではないか。

協同組合に魂を入れるのは容易ではない。少し手を抜くと特質を失い、偽装表示事件に見られるように、すぐに雑草に退化してしまう。私は、協同組合組織は一般企業とどう違うのか、その特質、優位性を発揮し、他企業に打ち勝つためにはどうすればいいのか、ということにこだわりたい。研修は教育の一部でしかない。

(『全略新報』〇二年六月十日)

組合員は「お客」ではない——組合員と農協の関係

「農協へ売る」「農協から買う」か

農協の組合員の皆さんは、日ごろ「(生産物を)農協へ売る」、「(資材を)農協から買う」と言っていないだろうか。これは、商人に売る、商店、ホームセンターから買うのと同じ使い方、言い方である。農協へ出荷したら安かった、農協から買ったら高かった。農協と組合員は対立関係、農協と商人、商社は競争関係、農協は組合員に有利なら利用する、という関係にあなたの農協はなってしまっていないだろうか。

農協では、農産物を売ることは販売事業と言う。生産・生活資材を購入することは購買事業である。いずれも組合員が農協を通じて販売し、農協を通じて購買するのであって、組合員を中心とした表現である。農協へ売るのも農協を通じて売るのも同じではないか、言葉のあやではないか、と言われるかもしれないが、ここが農協は誰のための組織かを考える最も大事なポイントなのである。農協へ売る、農協から買うということは、販売や購買事業が組合員の協同活動ではなく、役職員中心の農協の請負事業になってしまっているということなのだ。

私の住んでいる茨城県は農協の共販率が低く、粗生産高に対して県平均で三割弱。全国の平均が五割を超えているから、その半分程度だ。農協によっては一〇%台のところもある。大きな個人商店並みでしかない。特に園芸部門では任意組合を通じての出荷が多い。どういう出荷方法を取っても、生産農家の手取りが多ければそれでいいのだが、農協って一体何なの、という声が出てしまう。

このことはつまるところ、農協共販のメリットがない、農協を通じても高く売れないと組合員が判断しているということである。さらに、農協の資材価格が高い、営農指導がないなど、さまざまな要因があろう。

組合員の声を聞く

私は今、水戸農協の営農経済活動のコンサルティングをしており、その一つの活動として、地域内農業振興について生産部会との検討会を開いている。二〇〇一年は、高齢化が進んでいて後継者がいない、農協の肥料、ダンボール価格が高い、運賃が安くならないかといった、どちらかと言えばグチ話、後ろ向きの話が多かった。しかし今回はそういう話は少なく、生産部会の統合を図るべし、減農薬、有機栽培など消費者のニーズに合った生産のための施肥設計を出して欲しい、といった前向きの発言が多く出されている。

生産部会員の声の代表的なものをまとめると次のようになる。

・農協が合併して十年近くになるが、合併のメリットを出す具体策を早急に出すべきだ。
・農協が広域化しているので、指導・販売も統一して有利販売を進めるべきだ。
・農業の困難な状況を打開するために農協は手をこまねいているのではなく、進むべき道筋をはっきり示して欲しい。
・個々の組合員の経営分析をし、所得を増やすためのメニューを提案して欲しい。
・農産物価格は下がりっぱなし。それに対して資材価格は下がらない。全国の農協の力でコスト削減を図れるようにして欲しい。
・地域農業の振興を考えれば、農協だの任意組合だのと言っている時ではない。全体がうまくいき収益が上がる方法を見出し、行政も支援すべきだ。

「不満こそ経営資源である」という言葉があるが、私たちは、今後これらの問題提起を整理し、組織の整備を含めて、組合員のニーズに応えられる方向を打ち出していこうと考えている。

組合員はいつでも営農、生活面でさまざまな問題、悩みをかかえている。それを農協の協同活動によってひとつひとつ解決していく。そのためにこそ農協は存在する。とすれば、組合員の悩みや問題、課題が何なのかをつかむことがすべての活動、事業の始まりである。

オレたちの組合か

「生活基本構想」に次の指摘がある。

「(農協の)教育・情報・相談活動は、その地域において何がもっとも重要であるかを見きわめて、重点的に実施する。このためには、組合員とふかく接触し、何が切実な問題かをよく見、よく聞き、実体調査を行って全体をよく把握したうえで重点をきめ、実施していくことが期待される」。

この表現は生活活動を指しているが、営農活動でも同じことが言える。「調査なくして発言権なし」である。

では、一般の企業はどうか。自社の商品を売りこむためには、消費者のニーズをつかみ、時にはトレンドを演出、新たなものを作り出し、巧みに売りこんでいく。それは問題になった食品への香料ブレンドと添加の事件を見ればよく分かる。逆に、消費者の信頼を失えば即刻退場、となる。

コスト削減も然り。最近のビール各社による発泡酒の十円値下げ競争のすさまじさは、ぬるまゆにつかったような農協では到底考えられない。

農協が組合員をお客と扱い、商店やホームセンター、資材センターと同じ次元で競争していたのでは勝てない。職員と組合員との関係が希薄になっている今日では、昔のような〝顔パス〟は効かない。このことは、農協の販売高、購買高が減少している数値を見ればすぐに分かることだ。

では、農協が持っていて、銀行、郵便局、保険会社、肥料・農機具商などと比べて他にないものは何か。

言うまでもなく農協は組合員がお金を出し合って自分たちのために作った組織である。「オレたちの組合」「私の農協」なのだ。でも、現在そう考えている組合員はどれ位いるだろうか。「農協さん」「JAさん」と言っていないだろうか。

「組合の主人公たる組合員が組合の寄り合いに集まらず、決め事も守らず、協同活動を全くしない他力本願の人間でいながら、組合に対して、商人や銀行などよりも『よりよい値段』を求めるというのはどだい無理というものである」。

これは、農協の仲間である漁業協同組合（漁協）の一つ徳島県牟岐東漁協の総会資料にある「組合員の行動基準」の一節である。

農協の強さは、組合員がどれだけ自分たちが組織した農協の活動や事業に結集するかによる。そしてこのことこそが商店、郵便局、銀行と農協との決定的な違いである。

（『全略新報』〇二年七月十日）

生活基本構想はどこに——第二十三回全国農協大会議案を見る（3）

「組合員の負託に応える」とは

大会原案の柱の一つである「組合員の負託に応える経済事業改革」のうち生活事業（活動）について考えてみよう。まず、組合員の負託に応えるという表現が気にかかる。組合員はいつ何を農協に負託したというのだろうか。首長や議員と選挙民との関係と、農協、組合員との関係はまったく違う。任せる、任せられるという一方通行のやり方が行き詰まったのが今日の農協の姿なのではなかろうか。その意識を変えない限り、農協は変わらないと私は考えている。

それはさておき、「経済事業改革」では、「生活関係事業については、事業範囲の見直しと外部化の観点から抜本的な改革に取り組」む、としている。

生活活動と生活事業との関係をどう考えているのかが分からないが、原案全体を見ても、農協の生活活動をどうしようとしているのか、判然としない。というより、生活活動は必要ないと考えているのではないか、とすら思える。「選択と集中」を徹底し、赤字施設・店舗については統廃合を進める、競争力のなくなった事業は撤退、ということは、つまるところもうかる事業しかやらない、ということになる。経済事業の収支均衡を図るために事業譲渡、民間委託、別会社化を進める、ともあるが、「協同組合方式はだめ、会社ならうまくいく」という発想は協同組合そのものの自己否定にならないのだろうか。

かつて、全国農協中央会は農協生活活動の領域を労働生活、消費生活、家庭のストック、フローなどに区分し、ストックに健康問題、文化問題、資産管理を挙げ、フローとして金融、共済、生活購買、冠婚葬祭などを挙げた。

この原案では、地産地消、地域づくり運動、生活購買店舗、SS、LPガス、資産管理、高齢者福祉、健康管理などの項目がばらばらに置かれ、相互の関連性はあまりなさそうだ。食と農については、「安全・安心な農産物」の項目ではなく、「協同活動の強化」の項目の地域の活性化の中に出てくる。

この原案を、農協の今後のあるべき姿を整然とまとめあげた「生活基本構想」と比較すると、ためいきが出るくらいにがっかりしてしまう。このような整理の仕方では、農水省や財界とけんかはできないし、国民の信頼を得ることすら難しいのではないか。

さて、今回の農協大会では、食料の安全性について国民の信頼を失ってしまっていることが大きな与件として重くのしかかっている。だから、「安全・安心な農産物の提供」が最重点事業の冒頭に掲げられているのだ。そのために、食と農の距離を縮める取り組みを行う、としている。

しかし、肝心の農家組合員の食生活はどうなのか。農水省のデータでは、農家の農産物自給率は今や一〇%近くにまで落ち込んでいる。農家もまた消費者なのである。しかも農協を組織している消費者である。

人間の生存に必要な衣食住のうち、毎日の暮らしに欠かせない組合員の食生活をどうしようとするのか。その姿、かたちが見えなければ、広く国民に安全・安心な食料を供給するといっても、言われた方は、ほんとかね、と首をかしげるのではなかろうか。

自分の食生活を豊かにする、直売所や学校給食などで地域内の流通を活性化させる、地域内住民との交流を深めていく。地域内の自給度を高めていく。これらのことが「安全なものを食べたい、おいしさ・楽しさを求める、食と農を近づけ、生き方も変える」という消費者のニーズに応えることなのではないか。まず隗より始めよ、である。

農家もまた消費者

私たちの暮らしは、今日では自己完結ということはありえない。農家もまた消費者なのである。そのことから協同組合の購買事業が存在する。生協、農協を問わず、その原則は、力をまとめてより安く購入する、利用する側に立ってよい商品やサービスを求める、不公正な仕組み、制度を変えるための運動を展開する、の三つである。事業を通じて組合員が協同するということだ。

しかし今や、農協の購買事業はその原点から遠く離れているのではないか。競争に負け、赤字施設が増えているということは、農協のやっていることが協同組合原則から逸脱していることであり、組合員が農協の各種事業を利用しない結果である。その反省なくして「選択」も「集中」もないではないか。組合員と農協との関係が、お客様（顧客）と農協職員という関係になってしまっては、商社、スーパー、銀行、保険会社などに勝つことはできない。組合員が各種の協同活動に参加、参画してこそ一般の営利企業にはできない強さがある。その強みを農協は何故棄ててしまうのだろうか。「生活活動」の欠けた「生活事業」は組合員から支持されない。

生活の防衛・向上が農協の生活活動の基本であり、食の安全性の追求こそ農協のおはこであろう。そのことは当然組合員の健康管理や安全・安心な商品の共同購入につながり、介護や高齢者福祉にもつながっていく。また、家庭のレベルで見れば、金融、共済、冠婚葬祭、観光・レジャー、育児・託児などすべてが有機的につながっていく。そして、組合員がやるべきことと協同活動として農協がどう関わっていけばいいのかを整理する。それらを体系的にまとめていくのが本来の大会議案ではないのだろうか。金融・共済事業も、「経営の健全性・高度化」という農協の経営の視点から触れられているが、これも組合員の暮らしをどうするかという視点から考えるべきことであろう。

農協の生活事業、生活活動をどう展開していくのか。私はやはり「生活基本構想」に立ち帰るべきだと考えている。

（『全酪新報』〇三年七月十日）

第三節　進路を見失った農協――ではどうするか

偽装肉事件解決の方向（1）――〝地産地消〟は力量の範囲内で

玉川農協よ、お前もか

「玉川農協よ、お前もか」。雪印食品に始まった肉の偽装表示は、それだけにとどまらずに、全農系子会社そしてわが茨城の農協にまで及び、やはり名の知られた鳥取県のとうはく農協でも牛肉の偽装表示が見つかった。その他、鹿児島県、大分など同様のことが次々に報道されている。さらに、全農の調査によれば、全農チキンフーズは、経営に影響するからと、取引先に虚偽回答することを社長が容認していたという。

雪印は、周知の通り、出自は産業組合、現在の農協である。一連の事件が発生した時、これは許せることではないと考えたが、今回の問題は、協同組合とは何ぞやと頭をかかえ込んでしまうことである。

玉川農協の名は農協界ではまさに全国ブランド。かつて、山口一門組合長のもとで「米プラスアルファー」方式を採り入れ、石岡地域広域営農団地の形成でも主導的な役割を果たしてきた。また産直でも、今回の相手である東都生協と生産者、消費者の交流を大切にしてきたモデル的活動を展開してきた。

その玉川農協が十年も前から豚肉の偽装表示をしてきたという。報道では、農協と生協が共同で開発した「バークランド」豚肉は出荷量の半分強しかなく、輸入肉や本県産以外の肉を混入していた。

その直接の原因は、生協での受注量に生産量が追いつかないということのようである。玉川農協では、ピーク時に八十一戸あった養豚農家は現在ではわずか七戸までに減ってしまっている。足りない分は隣接の八郷町農協管内の農家に委託しているが、それでも足りない分を他県産などで補ってきた。

原則と事業の乖離

農協も生協も協同組合としては同じ仲間である。協同組合の歴史をひもとけば、協同組合の経済活動は正直であること、誠実であること、他人への配慮を重視しなければならないことが協同組合原則の大事な柱であると教えてくれる。その基本のキを玉川農協は十年も前から踏みはずしてしまっていた。生産農家、組合員、さらに相手である東都生協の組合員の失望感は大きいと思うが、玉川農協の活動に期待を寄せてきた全国の農協、生協関係者に与えたショックも計り知れない。

ＩＣＡ（国際協同組合同盟）は、「（日本の）農業協同組合は正直な表示を付した品質の高い農産物に専念することにより、長年の繁栄を手にした」と高く評価しているが、人の信頼を得るための努力と時間は膨大であり、これを失うのは一瞬である。

私はこれまで農協は株式会社とは違うのだと学生たちに話してきたが、四月から始まる鯉渕学園での「農協論」の授業で、「協同組合は無色透明。そのときの経済システム、動きでどうにでも色が染まってしまう」と言わなければならないかと思うと、いささか憂鬱である。

さて、嘆いてばかりでは仕方がない。この問題の本質は何かを究明しなければ、また同じようなことが起きるであろう。

農協関係者や生協の組合員から聞いた話を総合すると、事情はおおよそ次のようである。農協と同じように、生協も合併が進み、それにつれて組合員からの注文量も増えていく。量をバックに、農協などに価格などで厳しい条件を付ける。しかし、気象条件、生産者の動きなどにより農産物は工場製品と違って、同じ物を注文量だけいつでも揃えることはきわめて困難なことである。だが生協の担当者は、予約されたのに物が届かない欠品を嫌う。違約金を取るとか、産地を変えるとかの話が出れば、農協側では生協の言い分を飲まざるを得ない。

生協の取引条件は年々厳しくなってきて、近頃は大手スーパーのバイヤーと生協のバイヤーは同じようだ、と農協の販売担当者は話している。今回の玉川農協の問題でも、欠品が二五％以上だと違約金を取られると伝えられている。しかし、農協陣営はそのことを偽装の口実にしてはいけない。

無理は長続きしない

農協や生協の運営にあたっては、大きいことはいいことだとばかりは言えない、と私は考えている。そのことはさておき、ではどうすればいいのか。私は次のように考えている。

農協側からは自分の力量を超えた取引はしないということが原則である。何事も無理は長続きしない。今出来る範囲を超えた要望があれば、生産量を増やすための方法を考える。自分の管内で足りなければ、隣接の農協と共同で取り組む。

生協側からは、統一メニューではなく、ローカルメニュー、即ち地産地消を現実のものにするために、例えば水戸地域とか水戸農協管内の組合員にはその地域の農産物を供給していくことを原則とする。そのためには当然、農協などの生産者団体ときめ細かな打ち合わせ、実現のための工夫が必要になる。

組合員の必要量を積み上げるのはいいけれど、間に合わなければ他の産地に頼む、それでも出来なければ外国産を、といった競争原理がはびこると、我が国の農業はひとたまりもない。我が国の農業をつぶしてしまえば、消費者にすぐ跳ね返りが来る。そのことを生協陣営の人たちに忘れて欲しくない。

今後、商品の供給、損害賠償などを含めてこの問題がどう展開していくのか分からない。しかしこの際、偽装の経緯、再発防止策等、ことの本質を解明し、協同組合間提携のあり方、トラブルが起きたときの対処策などの対応策を打ち立てて欲しい。さらに、協同組合の原則と実際の事業のあり方について農協、生協の関係者が十分に検討し、生産者と消費者の間に真の信頼関係が築かれることを願う。

（『全酪新報』〇二年四月十日）

偽装肉事件解決の方向（2）——教育と研修を忘れたツケ

疑問に思わなかった現場

茨城県玉川農協の豚肉偽装事件の調査報告書が公表された。それによると、他産地の豚肉混入は十六年前から常態化していた。そしてここ五年では出荷量の半分以上が輸入を含む他産地のものだった。担当者は「前任者がしていたとおりに引き継いだため、まったく疑問に思わなかった。パーツ冷凍肉の納品がなければ、現場は仕事ができなかった」と話している。

この報告書では、偽装表示の背景、原因について①ミートセンターの経営維持にのみ目を奪われた管理実態②職員への産直の意識動機づけの欠如③監事監査の不徹底④内部牽制態勢の欠如、などを指摘している。

農産物の偽装表示問題はその後もあちこちに波及していて、消費者は「肉なんてどうせそんなものさ」と思っているかもしれないが、まじめにやっている生産者にとって、相手から不信の目で見られていたのではたまったものではない。

学生の感覚はまとも

では、この問題について純真な学生はどう見ているか。新学期早々、茨城県にある鯉渕学園の学生約五〇人にレポートを出してもらった。

「許せない。腹立たしい。憤りを感じた。悪質な行為。最も悪いのは農協の総本山の全農だ。人間として最低。生産者は消費者に安心しておいしく食べられるものを生産しているのに、そう思われないで、疑いの目で見られることは悲しいことだ。雪印や全農が勝手にやったのに、農家が打撃を受けるのは理不尽だ」。

「雪印や全農は消費者の信頼を得ることよりも、自分のもうけのことしか考えていない。そういう会社はつぶれた方がいい。消費者は表示を見て買っている。信頼関係が崩れたら、消費者は何を見て買えばいいのか。どこでも不正、偽装をやっていると思われてしまう」。

「自分の首を絞めているのに気付かないのか。偽装をやっていた職員はなんとも思わなかったのだろうか」。

「消費が減れば農家が打撃を受ける。日本の農業はますます駄目になってしまう。直売所や農家の直接販売がブームになっているのが分かる。今度のことは食品の安全、安心について考えるきっかけになった」。

このように、学生の感覚は正常、まともである。

失った信頼回復は困難

では、消費者の信頼回復のために生産者、生産者団体として何が必要なのだろうか。茨城大学の中島紀一教授は「うそをつかない」ことの自己確認、当事者能力のある販売組織体制の確立、内部監査システムの確立、加工・流通過程のチェックとルールの再検討、安全・環境視点の強化の五つを挙げている。現在、国や農協ではＪＡＳ法の改正による罰則の強化、虚偽表示についての監視体制の強化、生産履歴を追跡する仕組みの導入などが予定されているが、規制の強化だけではこれらの問題の解決にはならない。

さきほどの茨城玉川農協の指摘と重なっているが、これらのことはモノを生産・販売する企業や組織なら本来当然やらなければならないことである。しかしそれが出来なかった。ひとたび社会の信頼を失えば、回復するまでに膨大な時間と努力、カネがかかる。それが出来なければ、企業であっても政治家であっても、倒産、辞任などで社会から退場するしかない。それとは反対だが、水俣病を引き起こしたチッソのように、患者救済のためにつぶしようにもつぶせない例すらある。

農協の相次ぐ不祥事はいったい何故起きたのか。農協という組織に何が欠けているのか。そのことに遡らなければ、根本的な解決策は見つからないのではないかと私は考えている。

酪農組合を含めて、農協の組合員のみなさんは何故組合に入っているのか。親が入っていたからなのか。周りのみんなが入っているからなのか。職員は誰のために仕事をしているのか。仕事の中味は組合員のためになっているのか。役に立っているのか。役員は自分の名誉を満足させることのためになってはいないか。回り番で仕方なくなったのか。これらのことはどうなのだろうか。

農協や生協、漁協などの協同組合には「協同組合原則」がある。この原則は日本独自のものではなく、世界各国の協同組合共通の運営原則になっていて、今から約八十年前に出来、その後何度か時代に合わせて改訂されている。

現在の原則の一つに教育、研修、広報がある。それにはこう書いてある。「協同組合は、その組合員、選挙された役員、管理職、従業員に対して、それぞれが組合の発展に効果的に貢献できるように、教育と研修を与える」。

農協はこれまで、教育と研修に力を入れてきたのだろうか。教育と研修とはどう違うのか。そもそも、そのような協同組合原則があるということを知っている役員や職員、組合員がどれだけいるのだろうか。今回の一連の事件は、役職員教育、組合員教育を忘れてきたツケが回ってきたのではないか。

（『全酪新報』〇二年五月十日）

農協をつぶすのは簡単だが――信頼、貢献、改革がキーワード

農協は何故あるのか

「組合員の悩み、課題を解決するために農協はあるのだ。しかし、今の農協は羅針盤が壊れてしまっている」。農協は何故あるのか、現状はどうなのかについてのシャープな考え方をしばらくぶりで聞いた。二〇〇四年四月末、全国農協中央会は東京で「地域水田農業ビジョン」実践強化トップセミナーを開いたが、冒頭の言葉はその時に集落営農づくりについてすぐれた事例発表をしたいわて中央農協の熊谷健一氏のものだ。同農協は、全集落で水田農業ビジョンを策定し、農産物の販売については、組合員に喜びと利益を与える産地づくり、流通販売を強化し、生産物を売り切り、農家の手取額を多くする産地づくりを目指している。

熊谷氏のこの言葉を聞いていて、山口一門さん（元茨城県玉川農協組合長）がずっと前に同じことを言っていたのを思い出した。「農協の協同組合としての事業活動は、農民の営農なり生活の路線上に発生する。問題の解決が自己完結では不十分であるか、不可能な部分を協同活動によって処理

していこうとしたものが事業であり、当然すべての事業は、組合員の営農と生活の延長線上に仕組まれたものであるべきはずのものである」（全国農協中央会編『農協と営農指導を考える――山口一門氏の講話』全国農協中央会、一九八〇）。

山口さんはこのあと続けて次のように述べている。

（農協の計画書は）「地域の営農と生活のあり方――例えば今後五年、十年のうちに実現を目指す農業の方向と、その上に描かれる農民の生活像といったようなもの――、農業に対する農協の基本姿勢、農民生活に対する取組みの方向をまったく示していない。一つ一つの事業計画はあるが、それらを貫いている考え方に農民を守るという意識が欠けている」。

山口さんのこうした主張は、当時の農協全体に対する苦言であり、提言であったが、現在はその提言からさらに離れてしまっているのではないか、とすら思える。

農協は計画づくりの季節

ところで、農協は今、年度替わりの時。県によって時期がずれるが、決算を行い、事業計画を立て、総会（総代会）を開き、組合員の承認を求める。茨城県はどこの農協も一月決算なので、四月に総代会が開かれた。二月、三月が決算の所では総代会は五月、六月になる。

二〇〇四年は、前年の農協全国大会の決議を受けて、どこの農協でも次期の三カ年計画を樹立する。その柱は「経済事業改革を軸としたＪＡ改革」であり、「安全・安心な農産物の提供と地域農業の実践」「経営の健全性・高度化への取組み強化」などの四項目が目標として挙げられている。

私の所属するひたちなか農協では、計画をなるべく多くの人の参加によって策定しよう、と中堅職員によるプロジェクトを部門別に立ち上げ、計画案を理事会に諮る前に組合員アンケート調査を実施し、生産部会等の代表者からの意見を聞く場を持つなどの手法を採った。三カ月という時間的制約がある中での作業だったので、満足できるものではなかったが、私たちは先の山口さんの考え方を念頭においた計画づくりを心がけた。

まず、基本理念に、全国大会の決議を頭に入れながらも、組合員、消費者、地域住民に信頼される農協になろう、組合員、消費者、地域住民のくらしの向上に貢献しよう、新しい農協の創造を目指して改革を遂げよう、という三項目を置いた。信頼される農協になろうということは、裏返して言えば、現在の私たちの農協は十分に組合員に信頼されていないことを意味する。貢献についても同様である。私たちはその上で、営農、生活、信用などの部門毎に組合員のためになすべきこと、消費者・地域住民のためになすべきこと、経営改善につながること、役職員の士気向上につながることの四項目に整理し、年次毎に課題別実施計画をまとめていった。

アンケート調査、座談会などで出てくる組合員の意見は、窓口の対応が悪い、サービスが悪い、資材価格がホームセンターや個人商店などよりも高い、営農情報が欲しい、販売にもっと力を入れろなどさまざまだが、圧倒的に営農経済に関する意見が多い。そして残念ながら、二〇〇三年三月に出された「農協のあり方についての研究会」報告でも指摘されているような内容のものが多い。

私たちはこうした組合員の声を受けて、営農、経済、生活、企画管理に重点を置いた計画を作った。全国大会や県大会の決議は参考にはしたが、組合員の声、要求をベースにし、農産物の流通の変化、消費者ニーズ、農協に対する批判への対応をにらんでのオリジナルの計画である。

営農関係では、何といっても販売企画力が弱いので、マーケティング力のアップ、直売所、学校給食を含めた地産地消などに力点を置いた計画を作った。購買部門では、生産資材の仕入れ価格の引き下げ、配送の合理化、事業方式の見直しが柱。二〇〇三年度は農業関連部門と生活部門を合わせて約四億円の赤字だったので、これを解消ないしは赤字幅を縮小させることがねらいである。

生活関係では、農産物自給運動の展開を柱とした。自給率の向上、農産加工、伝統的食文化の継承、デイサービスセンターの増設などを盛り込んでいる。

企画管理関係では、部門別・事業所別に月次決算を行い、現場が責任を持てる体制にしていくことが最大のねらいである。また、プロ意識を持つ職員の養成も課題である。さらに、役員、職員、組合員の役割分担も大切なことである。

使い勝手のある農協に

これらのことは、全国の先進農協からすれば驚くようなことではない。逆に、今頃まだそんなことを考えているのか、やろうとしているのか、その程度なのか、と笑われよう。しかし、私たちの力量はその程度であり、遅ればせながらもやっとスタート台に立ったところである。米改革もこれから本格的な取組みに入る段階であり、全中のトップセミナーで報告があった農協の足下に遠く及ばない。

私たちは二〇〇三年から、二〇〇五年に統一した営農経済センターを立ち上げるべく、やはり理事会での特別委員会、職員によるプロジェクトチームで準備を進めている。一度にすべてを変えることはできないが、変わろうと意識しなければ、組織がひとりでに変わることはない。農協が組合員の要求に応えられなければ、組合員が農協を利用しなければ、組織は滅びるのみである。

「農協は諸悪の根源である」という声も届いている。農協を切り捨てて自分の道を歩むか、今ある農協を内部から変えていくか、立場、状況によって何とも言えないが、どうせあるのなら、なくならないのなら、自分たちの使い勝手のある農協にしてみてはどうか。組合員の声が事業計画に反映される農協にしていく。このことが手始めである。そしてこれが農業に携わる人たちへの私のメッセージである。

（『全略新報』〇四年五月十日）

山口一門さんとの会話――産直の原点は提携にあり

偽装表示のてんまつは

二〇〇五年一月のある日、霞ヶ浦湖畔に住む山口一門さんを訪ねた。三年前に始めた『全酪新報』の連載の最初に、茨城玉川農協での豚肉偽装表示問題を取り上げたが、あの玉川農協でどうしてそんなことが起きたのか、その本質は何だったのかが気にかかっていたのと、最近の農協の動き、変化（変質？）を山口さんがどう見ておられるのかをお聞きしたい、ということからである。山口さんは約五十年前に同農協の組合長として、個別経営と地域農業を結びつける形として水田プラスアルファ（米に養豚、酪農、養鶏などをプラスする）という営農形態を確立し、その後に石岡地区農協畜産団地を主導、全国の広域営農団地のモデルとなった。当時の同農協は、全国における農協運動の東の雄であった。ここでは、約三時間に及ぶ意見交換の中から筆者が感じたことをまとめることにする。

まずは偽装表示から。玉川農協からT生協へ出荷していた豚肉が指定のものではなく、カナダなどの外国産が混入されていた、それが十六年も続いていた、ということが内部告発で分かった、というのが発端である。T生協は、この事件は「単なる虚偽表示事件ではなく……十六年にも及ぶという許し難い偽装販売事件であり……産直還元金を不正に取得した悪質な詐欺的事件であった」と断罪している。これに対して、かつての同生協関係者からは、責任のすべてが同農協にあるのではなく、産地との定例の協議会を中止してしまった、部位肉取引きは生産者に不利、などという反論が出されている。しかし結局、同農協はその非を認め、損害賠償金として九千万円を支払うことでこの件は決着を見ている。

この事件を整理すると、問題点は二つある。一つは、同農協の管理、経営がずさんだったということである。当時の組合長は、豚肉を処理するミートセンターにほとんど顔を出さなかった、という。外国産の豚肉の箱が積み上げられていても、誰も気にもとめなかった。また、不足の肉を調達していたTハムへの送金もノーチェック、担当者任せだったそうだ。そういうことが十年以上も続けられていたということが信じられない。生協の担当者もおそまつである。

もうひとつの問題は、産直そのものにある。産直といえば聞こえがいいが、生協は合併によりとてつもない規模になっている。ところが農産物は工業製品と違い、産地はそれに比例して大きくはならない。また、同じ規格のものだけを生産できない。しかし生協は肉だけではなく、農産物も同じ規格のものしか扱わない。肉なら肩ロース、ヒレ肉など、野菜ならキュウリM三本入れ、というように。しかも、予約だから数量も決められてしまう。欠品になれば生協の現場担当者は困るだろうが、生産現場はそうはいかない。駄目だといえば、取引停止が待っている。そうすれば、無理をしてでも揃えなければならなくなる。玉川農協管内で、ピーク時には八十一戸あった養豚農家が最近では七戸にまで減ってしまっている、というのに。

現在の産直は、始まった頃（一九七〇年代）の産直とは似て非なるもの、というのが今回感じたことである。解決策は、売り手と買い手の間の単なる商取引きではなく、協同組合間協同の原則に立ち帰って、対等・平等の相互信頼関係を築くことである。そうしないと、この問題はまたどこかで起きるであろう。

まぼろしの広域営農団地

かつて石岡地区といえば、最初に述べたように、広域営農団地構想で宮城仙南地区と並んで全国に名をはせた所である。広域営農団地とは、農協が担う生産から流通までのすべての機能を、一つの農協ではできない部分を農協間協同によって対処し、メリットを生み出すことがねらいで、全中が一定の時期、旗振り役を演じた。石岡地区で見れば、一市三町三村、十五農協から成っていた。それらの農協が石岡地区農協連合会を組織し、育苗圃、果実中継集荷所、共販センター、鶏卵集荷所、食鶏処理所、繁殖豚センター、機械化ステーション、営農研修センターなどの施設を次々に作っていった。しかしこの営農団地も結局まぼろしに終わってしまった。何故なのか。

茨城県内の農協に共通することだが、この地域でも共販率（農協への結集率）が発足当初から低く、畜産の石岡と言われながら、畜産でも三分の一の壁を打ち破れなかった。また農協間の格差も大きかった。ということは、生産者が農協に寄らない、農協を利用しないということであり、農協間の意思統一も不十分だった、ということである。
最初は一緒にやってきても、時間が経ち、自力で出来るようになると、みんなの世話にならなくていいや、という空気が生まれる。また、農協の役員は三年が任期。トップが変われば、前の苦労話などは分からない。次第に「オレのところはオレなりにやるよ」ということになってきた。追い打ちをかけたのが農協合併である。団地化よりも合併だ、というのが全中や国の方針になり、石岡地区の営農団地は有名無実となってしまった。

確かに、今日ではこの規模よりも大きい合併農協が、県内だけでなく全国のあちこちに存在する。先に挙げた宮城県の仙南地区広域営農団地を構成した農協も数年前に合併している。しかし、器が変わっても、中味の問題点、課題を整理し、解決策を提示しない限り、合併は問題の先送りでしかない、というのが私の感想である。

農家は、経済力がなく、自己完結出来ないときは農協を頼りにするが、だんだんに自立出来るようになれば、農協は要らなくなる。自分の経営は自分でやるから人の世話にはならなくてもいい。それはむしろ当然なことなのだろうが、農協の役職員がそうした変化の空気を読みとっていない、ということにも問題がありそうだ。農協の合併は、単独では生き残れないから一緒になろうや、というのが実態である。協同をめぐって、農家の動きと農協合併の是非はどうやらイコール、同じ関係である、と思えてならない。赤字の農協をいくつ足しても、それだけで黒字経営になるはずがないではないか。

全国連変質のわけは

全中や全農が変質してしまった原因は何か。直接のきっかけはやはり住専問題にある。全国の農協から破綻した農協を出したくない、信用事業の失敗を防ぎたい、という考えから現在のＪＡバンクが国のお墨付きで誕生した。我が国では、農協の信用事業は相互金融から始まった。高利貸しなどに頼らず、仲間で融通しよう、というのが考え方の基本であった。しかし今では多くの農協では、組合員の通常の経済活動力、生活力よりもはるかに多くの貯金量を保有している。それを一つの農協に任せておくのは危ないから、農協全体で一つの金融機関にしよう、というのがＪＡバンクのねらいであり、そうなればそれは農協ではない、住専問題が発生した頃から農協全国機関は農協の基本理念を捨ててしまった、というのが山口さんと筆者の共通認識である。筆者もオールド農協人なのか。

話し合ったテーマはまだまだあるが、最後に一門語録の幾つかを（箇条書き）。

「大きな忘れ物をした農協」「大きくなれば強くなるのはうそ」「隠居仕事の県連役員」「役にたたない農協からじゃまな農協に」「組合員になった覚えのない組合員」「協同は誰も好きではない」「生産者と消費者のだましっこ」「協同と納豆は嫌いな人が多い」「道に迷ったら原点に帰れ」

（『全略新報』〇五年三月十日）

「農業協同組合研究会」の発足——新しい農協像の確立めざす

何故新たな研究会が

二〇〇五年四月五日、東京・本郷で新しい農協像の確立をめざそうと、「農業協同組合研究会」設立総会が開かれた。「新基本計画と農協活動の課題」をテーマにした総会後の記念シンポジウムには農協、生協関係者、農民、研究者、学生など二百五十名を超える参加者があり、熱心な討議が行われた。

わが国では、農協全国組織がそれぞれ研究機関を持ち、協同組合関係の学会もあるというのに、今回何故この研究会が生まれたのだろうか。

その背景には、まず農協運動の退潮が目を覆うほど激しく、その根底には農業理論、農協理論の貧困があるのではないか、ということが挙げられる。市場原理、競争主義を基本とする新自由主義農政に農協組織は独自の方針を示すことが出来ず、ただ押されるだけの状況にある。農業・農協危機突破の切り札として農協合併が進められてきたが、広域合併農協の大半は、食料や農業構造などの環境の変化に十分対応できないために組合員からの批判や不満が続出している。一方、役職員もその運営に自信・確信を持てないでいる。

農協を取り巻くこのような状況について同研究会の設立趣意書は次のように述べている（文体を変えている）。

「日本の農協の歴史で、今ほど農協組織が組合員や各方面から厳しい評価を受けている時代はなかった。一方で、日本の農業の現状から、農協がしっかりとその役割を果たして貰わなければ困るという期待の声もある」。

「研究者はそれぞれの分野で業績を挙げているとはいっても、必ずしも農業、農協の現場で活用されているとはいえない。農協の役職員は一所懸命働いているが、仕事に対する（組合員からの）評価の厳しさにとまどっている」。

「組合員の一部は、農協に文句を言うだけか、利用しなくなるかで終わっており、自分たちの組合を自分たちで改革する運動への取り組みが不足している」。

私が執筆してきた連載記事（『全酪新報』）のタイトルは「農協の価値を問う。未来はどこに」であるが、今農協に問われていること、求められていることはまさにこれである。

設立趣意書は続けて次のように言う。

「農協の主役は組合員である。組合員が組合の運営に参画し、事業を積極的に利用するなかで、協同活動の環を広げ、農業を発展させ、豊かな農村を築く。このような協同組合運動を再構築することが求められている。そのためには的確な現状分析を踏まえ、しっかりとした理論に裏付けられた農協像を持つ必要がある」。

まったくその通りである。そのためにこの研究会が設立されたということであり、今後農協現場で苦闘している人達や農民が研究者と一緒になって研究調査活動を進めていく、と言う。

新基本計画をどう見るか

記念シンポジウムは、梶井功・前東京農工大学長が座長となり、二〇〇五年三月に閣議決定された新食料・農業・農村基本計画のねらいとするもの、その問題点、農村・農協現場でどう見るかという立体的なものとなった。ここではその全体を紹介できないので、印象に残ったことだけを挙げておく。

まず梶井座長は冒頭、「気になること」として、この基本計画で自給率はあがるか、農業構造改革の立ち遅れの主因は農地制度にあるのか、担い手限定で望ましい農業構造は実現するか、と問題を提起した。

これを受け、同計画をまとめた八木宏典食料・農業・農村政策審議会会長は、新基本計画の審議経過を話したあと、食料自給率目標の達成に向け、担い手、農地制度や経営安定対策、資源保全政策などの施策を「ひとつのパッケージとして機能させる」ことをめざしている、と説明した。そして、自給率向上は、政府、生産者、消費者それぞれが取り組むべき役割がある国民的課題だと位置付けている、地域の創意工夫の中でたくさんの担い手を作っていくことが求められている、と指摘した。

これに対して田代洋一横浜国立大学大学院教授は最初に、この新基本計画の狙いは自由化農政の総仕上げにあるのではないかと述べ、最近の農業経営規模拡大のテンポを見ると、計画通りに構造改革が進むのか、と疑問を投げかけた。さらに、特定の担い手に限定して政策支援する考え方は、協同の原理、組合員平等の農協組織の原則をまっこうから否定するものだと強調した。そして、多様な担い手（組合員農家）が日本農業、自給率、転作を支えるのであり、新基本計画の選別政策に乗ったら農協は命取りになる、と警告を発した。

現場からは、阿部長壽みやぎ登米農協組合長が、自給率議論を後回しにし、農地制度改革や担い手の選別政策を先行して議論したことに対して、「順序が逆ではないか。しっかりした国境措置がなければ自給率は上げられない」と述べた。また、「日本農業の根本は家族経営農業にあり、その家族経営を成立させていくために農協が存在する。その条件整備を集落営農で行っていく。集落組織を母体とする地産地消運動など地域からの取り組みが自給率向上の具体策ではないか」と強調した。さらに、「ばらまき農政」に対しては、「農地・環境を維持する地域農業と農村地域社会の存在そのものが最も透明性のある税金の使い道の証明ではないか」と述べた。

食料自給率に危機意識を

三人の報告のあと、参加者からは、前の計画の総括がないのではないか、環境保全を重視すると言っていながら国内の有機農業につめたいではないか、自給率は国民的課題だと言いながら現実には農業関係者の一部だけで議論されている、農協界で運動論が欠落している、アジア共同体の中で日本の農業をどうするかを考えていくべき、食料自給率に危機意識を持つべき、など熱のこもった多彩な意見が出された。

会場からの意見を受けて阿部組合長は「農協運動論の再構築が最大の課題だ。JAグループは組織改革にだけ明け暮れ、運動論が風化している。運動なくして経済改革を叫んでも成功しない。農家のための運動が必要という原点を確認すべきだ」と農協運動論の必要性を強調した。

農協組織は本来、組合員が組織している単位農協が本店、本拠地のはずだが、実態は東京が頂点に立って、全国の農協を支配する形になっている。この研究会は、縦の系列ではなく、横に手を結ぶことになるであろうし、研究者とも連携が出来る。それぞれの経験交流と未来を開く農協理論の構築の場となることを期待したい。

（『全略新報』〇五年五月十日）

たこつぼ社会からの脱皮——不明瞭な県連常勤選出過程

信じられないような話

今回は、A県の農協界での真夏の夢のお話である。

二〇〇五年一月、B農協の理事会でC会長が解任されるという事件（？）が起きた。C会長は信連の経営管理委員会の会長（常勤）でもある。同農協は、県連合会の常勤役員は出身農協の役付理事を退任した時は、県連の役員も辞めなければならないとして、農協中央会長に申し入れを行った。しかしC氏は、解任は無効として、同農協宛に公開質問状を出し、県内の農協にもその写しを送った。また、中央会長は預かりという形にし、取り扱いを留保した。

第二波は六月の改選を目前にした五月に起きた。C氏は、自分の属する地区で県連常勤役員候補に立候補したが、投票の末に落選し、別の農協のD氏が推薦された。その頃に、C氏が現金を配ったという新聞報道があり、反対側からはD氏は物品を配って歩いた、ということが暴露され、結局D氏も辞退し、代わりの組合長がその地区から推薦された。別の地区でも、候補者が複数出たために、投票で決着が図られた。これらの出来事は、その一部始終が揶揄される表現で新聞に出た。

同県では、以前は県連常勤役員の定年は七十三歳、任期は三期（九年）と決められていた。それが覆されたため、「自分が作った規則を廃止して居座っていることがお膝元でのクーデターの原因ではないか」と新聞に書かれてしまったのだ。

尻に火が付いているのに

このような、コップの中の嵐とも言える出来事は、聞いてみると、他の県でもあるようだ。しかし、農協陣営が風雲急を告げられている（いや、尻に火が付いている）時に、こんなのんびりしたことをやっていていいのかな、と率直に思う。

例えば農水省OBで経済産業研究所の山下一仁氏が『日本経済新聞』に「農協の解体的改革を」という論文を書いている（同紙、二〇〇五年六月七日付け）。その主旨は「農協の存在が農業の構造改革を阻んでいる。農業の再生のためには、農協から信用・共済事業を分離するか、兼業農家を基盤とした農協を解体し、米専門農協というような第二農協を設立せよ」というもの。現在の農協組織をまるっきりひっくり返す内容である。

二〇〇三年来、農協のあり方、存在をめぐっては、財界、国、マスコミなどから厳しい注文が付けられている。さらに、つい最近になって、農協の味方だと（勝手に？）考えていた生協陣営からも、わが国農業に対して、新基本計画の支持、担い手の限定、関税の引き下げ、農地制度の規制緩和など国や財界の主張と同趣旨の提言が出された（日本生協連「日本の農業に関する提言」）。

このような農協包囲網をどう突破し、はっきりとしたビジョンを打ち立てられるか。これこそが全国連、県連、単位農協を問わず、経営トップの課題である。

今、国交省や日本道路公団の工事をめぐる談合体質が暴かれているが、農協界も全体としては同じような体質にある。ごく一部の人たちが密室で話を決めていく。一般の人はおろか、農協の組合員、役員ですらその実態が分からない仕組みだ。これでは、組合員、地域住民、消費者に信頼される農協であるとはとても言えない。

E県のF組合長は、農協の常勤役員に求められる資質として①農業・農協の理想を掲げられること②組織の社会的存在価値を認識し、使命感が強いこと③農家組合員に対する説明能力だけでなく、地域社会・行政・経済界・上部団体に対する論理的説明能力を備えていること④大きな声で明るいこと、の四つを挙げておられる。大きな声とは、分かりやすくはっきり言うこと、明るいとは、疲れた、忙しい、厳しいという消極的・否定的で抽象的な言葉を使わないことだ、と説明している。

また、藤谷築次・京都大学名誉教授は、以前から農協にはトップ・マネジメントが不在、その確立を、と主張している。教授は、農協におけるトップ・マネジメント機能を①組織を外に向かって代表する機能（組織代表機能）②多数の組合員を統括する機能（組織統括機能）③時代の変化、組合員のニーズの変化に対応して事業を革新する機能（事業革新機能）④日常的に職員のやる気を起こさせ、職場を管理し、経営収支の短期・長期の管理をきちんとやっていける機能（経営管理機能）の四つに整理している（藤谷築次『農協大革新』家の光協会、一九九四）。表現は違うが、先のF組合長の考え方と共通している。

こうしたい役員選出方法

このような農協界における旧態依然の談合体質、密室政治を止めるためにどうしたらいいのだろうか。

まずは情報の公開。公募にするか、推薦で決めるか、一長一短はあるだろうが、例えば全国農協中央会では二〇〇二年から一応公募制になっている。

次に、農業や農協の現状をどう考え、どうしようとするのかのビジョンを打ち出し、選ぶ立場の人はそれを判断の基準にする。これは、民主主義のもっとも基本的なルールであり、そういうことが農協で行われていないことの方が不思議である。政策も方針も持たないで、経営のトップに就くということは、羅針盤のない船、レーダーの壊れた飛行機のようなものであり、危険きわまりない。推薦で決めるにしても、長くやっているからとか、みんなから推されたからなどという決め方ではなく、政策をきちんと打ち出すことをルール化する。

定年制、任期制の導入も不可欠である。先の農協全国大会の議案書には「業務執行の硬直化を防ぎ、理事会を活性化させるため、役員定年制・任期制のさらなる定着をすすめる」とある。また、全中の調査によれば、就任時で七十歳、任期は二期ないしは三期、という都道府県が多い。農協段階でも定年制を設けているところが増えてきている。

仕事ができるかどうかと年齢とは直接関係ない、という人もいるが、これだけ組織が大きくなり、時代、状況の変化が激しいと、それまでの経験が役に立たなかったり、逆の判断になったりする。

激務でもある。行政の首長はもはや戦後生まれが主流だということを考えてみればよいだろう。さらに、権力はしばしば腐敗する。一般に、出処進退は「退」が最も難しい、と言われている。晩節を汚すという言葉もある。

ここで夢から醒めた。とにかく、たこつぼ社会から一日も早く脱皮したいな。

（『全略新報』〇五年七月十日）

農協も必要なくなれば滅ぶ

連載の意図は

二〇〇六年一月に幕を閉じた茨城県玉川農協での偽装肉表示事件は何故生じたのか、ではどうすればいいのか、をテーマとして『全略新報』の連載を始めた。今回は楽屋話を交えながら、第一章の表題とした「農協の価値を問う、未来はどこに」に迫りたい。

まず、これまでの話を総括してみよう。テーマとして多く取り上げたのは、農協全国連である全農や全中のやっていることを農村、農協の現場で見ていて、これでいいのかな、ちゃんとして欲しいな、という願い。マスコミや研究者からは農協特に全国連に対して厳しい批判や提言が数多く出されているが、農協内部からのそれはあまり目にしないからだ。私は、全国連が農協の司令塔だとは思っていないが、全国組織であるなら、我が国の農業の実態をきちんと分析し、農協の組合員や国内の消費者にあるべき方向を指し示してくれる、それくらいは期待したいではないか。もしそれが出来ないのなら、全国連の存在価値、存在理由はあるのか、とすら思っている。

このことの裏返しとして、私は国の農政、財界、マスコミ、生協などの農業・農協批判に矢を向けた。これをやるのは、私の仕事ではなく、全国連や農協が関係するいくつかの研究機関、「日本農業新聞」、「家の光」などの広報媒体なのではないか、彼らは一体何をやっているのか、黙って見過ごしていいのか、と思いつつ。

次に心掛けたのは、私があちこちの農協、農村を歩いて、これは読者のみなさんに伝えたい、こんな面白い農協がある、楽しい自治体や農村があるというレポートを書くことである。「井の中の蛙」という言葉があるが、農協陣営の役職員には外に目が向かないで、前年の仕事を踏襲していればなんとかなる、県連や全国連の指示を待ち、その通りにやれば仕事は進む、という風潮が今も根強く残っている。農協経営を支えてきた食糧管理制度はもうずっと前になくなり、農地法も形骸化している。農産物の輸入自由化は進み、WTO農業交渉の進展状況次第では、壊死寸前と言える国内の農業が解体を迫られる。のんびり、ゆっくりの時代はとっくに通り過ぎているのだが。外野からの批判の厳しさは、いまなお農協全体がこのようなぬるま湯体質に浸かっていることにもある。

ある研究者は、現在全国に九百近い農協があり、その内の五%ないし一〇%はほっておいてもきちんとした経営が出来る、と話しているが、そうした事例に学び、自分の所では何が出来るかを考え、出来ることから実践に移していく。このことが大事なのだと思う。とにかく自分の頭で考えることである。農業、農村、農協は、それぞれの地域で、気候、風土、作物、歴史などがみな違うので、全国一律のやり方などないのだ、ということを私は学んできた。平成の大合併とやらで、自治体も今後どうなるかわからないが、農協よりも面白いことをやっている市町村は多い。そして農協はそのことを学んでいない。進路を見失った農協、ではどうする、というテーマも何度か取り上げた。

環境問題も私のおはこの一つ。ブラジルのリオデジャネイロで地球サミットが開かれた年にスタートした環境自治体会議に最初から関わった関係で、農業問題は環境を考える時の最重要課題である、と考えてきた。「水、土、森、食べ方、生き方など地域内の資源を調べ、評価をし、住民が幸せ、豊かになるステップを用意し、行政がなすべきこと、住民が行うべきことを整理し、提示すること」が私たちの役割だと考え、農を活かしたまちづくりを進めるために、それぞれの自治体が農業基本条例を制定することを提唱してきた。

農協大会への期待

ここで話題を変えよう。二〇〇六年十月に第二十四回全国農協大会が開かれる。多くの組合員は、大会があることを知らないし、そこで何を決議しようと、日常のくらしに直接関わりがない。しかし、大会の議案を見れば、その時々の農協が抱えている問題や進路が分かる。この大会は何をめざそうとしているのだろうか。

四月に、東京で農業協同組合研究会の公開シンポジウムが開かれた。テーマは「農協改革の課題と第二十四回JA全国大会への期待」。全国大会の成功を願い、議案内容の批判的検討と改善提案を行うことがその趣旨だった。

私は、報告に対するコメンテーターとして次のような発言をした。

これまでの農協大会を振り返って見ると、一九六七年大会で「農業基本構想」が策定された。続く七〇年には「生活基本構想」が打ち出された。当時の日本農業や農家のくらしに照準を合わせ、農協の進むべき方向を明かにし、実施すべき対策を示している。大会決議としては白眉である。

しかし最近の大会決議は、追いこまれた状況の中で、当面必要なことを羅列的に示すだけ。対症療法でしかない。混迷の今こそ、しっかりとした我が国農業のグランドデザインを示すべきだと思う。これは三月に決まった全農の新生プランも同じで、全体像を描いた中で、全農の役割、農協や組合員のなすべきことを打ち出すべきだ。農水省に提出した改善計画がそのまま新生プランというのはおかしいのではないか。

生活基本構想がめざしたものは、今日でもその骨格は変わらないと考えているが、最近の大会議案は生活活動にほとんど触れていない。わずかに高齢者福祉などがあるのみだ。そのことは大事であるにせよ、農家のくらしをどうするのかという基本的なことに触れていないし、展望がまったく見えない。生活基本構想の復権を主張する。

経済事業改革は今回も重要な課題だが、農協は赤字、経済連、全農、メーカーは黒字という構造的な体質を変えない限り、経済事業改革はなされないであろう。

他からの農業批判、農協批判について議案でも少しは触れているが、農協の反論はない。行動で示すのみ、というのは弱腰である。堂々と反論、反撃すべきである。

農協が他の企業と違って優位性があるのは、組織活動、協同活動である。議案ではそのことが弱いのではないか。

農協運動綱領の制定を

シンポジウムの座長を務めた藤谷築次・京都大学名誉教授は、全体討論を受けて「農協改革は日頃からの取り組みが重要で、そのための座標軸を明確にするため、現在のＪＡ綱領を見直し、ＪＡ運動綱領を新たに制定すること、日本の農業のグランドデザインを現在の農政路線へのアンチテーゼとして示し、それを支える国民合意形成をめざした新しい農政運動が求められている」と結んだ。

大会議案はほぼ骨格が固まり、今後組織討議がなされるが、形式的な審議にならないことを期待するだけだ。

さて、いよいよフィニッシュ。何を書くかというテーマは、教科書ではないので、時に応じて、臨機応変にだから、時々にこれはと思ったことを取り上げてきた。そのことは読者各位には面白かったかもしれないし、脈絡はあるのか、と考えたかもしれない。

農協はどこへ行くのか。私にも分からない。一般的には存在する理由、価値がなくなればその組織は滅びる。企業的な農業経営が支配的になれば農協は不要になる。農産物の販売、資材の購入、貯金、共済など農協でやっていることは他でもやっている。構成員である組合員が、他が便利、安いと農協を利用しなくなれば、やはり農協はなくなるだろう。かく言う私はまだしばらくは現場で悪戦苦闘しているであろう。


（『全略新報』〇六年五月十日）

農業のグランドデザインを――第二十四回全国農協大会組織協議案を読む（1）

検討の視点

三年に一度の全国農協大会が二〇〇六年十月に開かれる。農協組織の一員として、知らぬふりは出来ないので、第二十四回大会の組織協議案を二回に分けて検討する。

具体的な検討に入る前に、まず私の視点を述べておく。視点は二つ必要だ。一つは、農家組合員にとって今ある農協は必要なのか、構成員である組合員のニーズを満たしているのか、である。二つ目は、農協組織は国民のくらしにとって必要なものなのか、国民経済のなかでどのような役割を果たしているのか、果たそうとしているのかという外部からの見方、それに農協はどう対応しているか、である。

今更言うまでもなく、農協という組織は、農業を営む農家が営農や生活上、自己完結出来ないか、共同してやった方がうまくいくことを同じような悩み、課題を持つ仲間と一緒にやろうや、といって出来た組織である。他の人と一緒にやるのは嫌だ、という人には農協組織は要らない。畜産に多いが、資本家的農業経営を行っている農家（？）にとっても農協はなくてもよい存在である。

農家組合員にとって今ある農協は必要なのか、ニーズを満たしているのか。全国に九百近い農協があり、活動内容は一律ではないので、一概には言えないが、「農協は諸悪の根源だ」「逃げる組合員、追う農協」「農協は農民をくいものにしてきた」などの言葉に代表されるように、今日の農協は組合員から高い評価を得ているとは思えない。「農協は不必要だとは思わないが、自分に都合がいいときに利用し、それ以外は農協を利用しない」というところが組合員の平均的な見方なのではないか。

外部から農協を見る目は厳しさを増している。政府は二〇〇三年に「農協のあり方についての研究会」報告書をまとめ、農協は組合員のための農協ではなく、組織のための組織になってしまっている、と農協改革を迫り、それを受ける形で前回の大会議案はその意図を盛り込み、経済事業改革を目玉とした内容となった。さらに、相次ぐ偽装表示を行った全農に対して、解散も視野に入れた業務改善命令を何度も出し、全農を事実上国の管理化に置いている。

財界やマスコミの農業・農協攻撃は止むことなく続き、「ばらまき農政」はやめろという声をバックに、国は来年度から品目横断的政策を導入し、農家の選別政策を開始する。農業政策では農地改革以来の大改革となる。また、農協の信用共済事業と経済事業とを分離しろ、という財界の要求は今のところ実現していないが、つまるところ農協解体論である。

そうした動きに追い討ちをかけるように、二〇〇五年年四月に生協のナショナルセンターである日本生協連は「日本の農業に関する提言」を発表し、農産物への関税率の引き下げ、株式会社の農地取得などの新規参入促進など日本の農業解体を迫る道を提唱した。関税率の引き下げは財界ですら言えなかったことを堂々と主張しており、これが協同組合の仲間の提言なのか、国や財界へのエールを何故生協が送るのか、と驚きながら提言を読んだ。

今や農協は邪魔な存在

このような各方面からの攻撃、攻勢の意図するものは、つまるところ農業の構造改革を進めるには農協の存在そのものが邪魔である、ということである。「農業は維新前の状態。農協は頭がなく、滅びを待つマンモスのようだ」という人もいるくらいである。

では何故農業・農民や農協が責められるのか。言われていることの責任は農民や農協だけが負うことなのか。

農業生産現場の変化をいくつかあげよう。まず、農業従事者の高齢化と引退、それと裏腹の耕作放棄地の増大、過疎化の進行など。その結果として食料の自給率は四〇%にはりついたままだ。O-157に始まり、BSE、鳥インフルエンザ、食肉などの偽装表示、無登録農薬問題の発生など食の安全性をめぐる問題も次々に発生した。食べる側から偽装表示はいけない、無登録の農薬を使うのはけしからん、と言われればその通りである。誰も反論出来ない。

前者について言えば、全体として農業では食えない、生活出来ないから、というのが真因である。農民も農協も補助金をあてにして、自分の頭で考えることをしてこなかったからそうなったんだ、という批判がある。しかし畜産を例にとると、いくら規模を拡大してもゴールのない競争。その中でBSEや鳥インフルエンザは起きている。また内外の土地条件や賃金水準の違い、為替相場の変動などは個々の農民の責任にすることは出来ない問題である。比較的補助金の少ない分野である野菜や果樹などでは、それこそ頭を使って十分な経営を行っている農家もたくさんある。

もう一つ押さえておかなければならないことは、各方面からの批判、提言の根底には市場原理主義の考え方(グロバリゼーション)が支配していることである。関税の引き下げ論は国境すらいらないということである。最近になってホリエモンや村上ファンドに対する風圧が強まっているが、小泉構造改革の骨子は市場原理主義にある。「安ければ安いほどいい。口に入るものならどこの国のだって構わない」という考え方があるのは分かるが、私はそのような考え方を支持しない。

大会議案のねらい

以上のことを下敷きにして今大会の議案（素案）を検討してみよう。

議案では、農協をとりまく情勢として、組織基盤の弱体化と組合員の変化・多様化、地域農業の危機的状況の進行を挙げ、国の新「基本計画」の具体化やWTO農業交渉の進展などにより担い手への生産の集中化が必要だとしている。また、農協の多様化が進み、他業態との競争が激化し、農協事業が伸び悩んでいる、経営にかかる規律の強化、経営管理の高度化も求められている、としている。こうした中で、農協は自らの組織・事業基盤を点検し、組合員のニーズや期待を捉え、どのように地域農業・社会に貢献していくか、どのような組合員層を重点にどの事業分野に注力していくのかのビジョンを組合員に明示し、戦略を策定する必要がある、と今大会の方向性を示している。

議案は続けて、農協グループの使命・ビジョン・目標を掲げ、目標実現のための取組み、進捗管理、目標設定の方法を示している。

私は二〇〇六年四月に東京で開かれた農業協同組合研究会のシンポジウム「農協改革の課題と第二十四回JA全国大会への期待」の中で、「農業基本構想」と「生活基本構想」を例に引き、今こそ我が国農業のグランドデザインを示すべきだ、と主張した。現状をきちんと分析した上で、農協として国民の食料をどう賄うのか、国土をどうするのか、農家組合員のくらしをどうしようとするのか、そのことを明確にしなければ、具体策をどれだけ盛り込んでも、それは対症療法でしかない、と私は考えている。全農が国に提出したいわゆる「新生プラン」にも同じことが言える。我が国の農業をどうしようとしているのか、その中で農協の役割は何か、全農の担うべきことは何かという全体像がないまま、国から言われたことだけの対応策しか盛り込まれていない。全農が国に対してどのような改善計画を出しても、私たちの預かり知らぬことだが、農協や農家に提示する計画書には、全農としての農業ビジョンを盛り込むべきだ、というのが私の主張である。

格調高い農業基本構想

さて、「農業基本構想」は一九六七年の第十一回大会で決議され、正確には「日本農業の課題と対応」というタイトルである。高能率・高所得農業の建設というサブタイトルが示すように、日本経済の高度成長期に、農業の長期的課題と組合員農家、農協の進むべき方向を明かにしようとしたものである。

構想は最初に「生産性の高い農業を建設し、国民の必要とする食糧その他農産物を豊富かつ安定的に供給するとともに、組合員農家が都市勤労者世帯と均衡のとれた所得をあげ、ゆたかな生活を営むことができるようにすること」を目標に掲げている。

そして日本農業の課題として、食糧自給度の向上、高生産性農業の建設、農産物流通の近代化、高度化、適正な農産物価格の実現、新しい農村地域社会の建設の五つをあげ、その実現のために、国土の高度利用、土地利用区分の明確化と農業基盤整備、農産物供給長期計画と生産の地域分担、集団生産組織と営農団地の推進など八項目をあげている。続いてその実現のため農協はどうするかという対応の具体策をあげ、最後に国土の高度利用と農業地域の指定などの政策提言を行っている。

この提言の中では、農政の基本姿勢として「国内で自給するという方針があらゆる農業政策の基本として確立され、国の政策として実行されるべき。農業者の立場に立って、農業者自らが奮起するような農業の環境条件を整備し、誘導策を講ずることにより農政がすすめられるべき。農業の構造問題は、農業内部の問題に限られたものではなく、農業の外部条件との関連において解決されるべき」という今日でも通用する文言が入っているのが注目される。この考え方は「むすび」でも「課題実現のためには、国民経済のなかで農業が正しく位置付けられることが重要であり、国内農業資源の開発と農業の基盤整備を国の手で強力にすすめ、農産物供給長期計画にもとづき、食糧自給度の向上を図るという農政の基本姿勢が確立され、国の政策として実行されることが前提となる」とうたわれ、この構想が実現されれば、「主婦や老人は営農活動から解放されて、主婦には都市なみに家事や育児に専念できる家庭生活を、老人には安心して老後をくらせる生活を約束する」と高らかに宣言している。

全国農協中央会の比嘉政浩企画室長はさきのシンポジウムで、この大会の議案は「ＪＡグループ役職員が共有する作戦書」だと述べているが、作戦書はいわば戦術であり、その前提としての戦略がなければなるまい。その戦略書こそ今日の農政へのアンチテーゼとしての農業のグランドデザインなのである。

生活基本構想の復権を

次に、一九七〇年に策定された「生活基本構想」を見てみよう。サブタイトルは「農村生活の課題と農協の対応」である。

「はじめに」は、この生活基本構想のねらいを次のように整理している。「農協は本来、公正と平等を基礎に、組合員が互いに助けあって、自らの生産と生活の安定・向上をはかる組織である。人間性を喪失させるおそれのある経済社会の変化のなかにあって、農協は、人間が、人間らしい生活をしていくための運動の中核体となり、人間連帯にもとづく新しい地域社会の建設をめざして運動しなければならない」。このような観点から、組合員の生活の防衛・向上をはかるため、農協が実施すべき生活活動の基本方向と対策を示したのがこの生活基本構想である。

この構想は、農村生活の現状・変化の方向と課題、農協の果たすべき役割と対策、生活活動展開のための体制確立と活動推進、政策への提言から成っていて、さきの農業基本構想の構成とほぼ同じである。

この構想の白眉は、「農協の果たすべき役割と対策」の冒頭の「農協運動の反省」である。「組合員の意思にもとづく企画、活動への参加が薄く、役職員が組合員を顧客としてとらえたり、組合員が農協を他の企業と同列視したり、連合会が農協を事業推進の対象としてのみとらえるのでは、農協運動としての実体をそなえているとはいえないだろう」。「農協が、組合員に利益と便宜をもたらしていくには、他企業との激しい競争にうちかたなければならない。しかし、これまで農協にもっとも欠けていたものは、企業との競争に打ち勝つきびしさである」。「農協が農業の近代化をはかる機能に重点を置き、組合員の生活の防衛・向上をはかる機能を十分に発揮しない場合には、組合員の大部分を占める兼業農家や地域在住の農業離脱者にとって、農協は、不十分にしか利用できない存在になってしまう」。

最後の政策提言には「国民は誰でも健康で文化的な生活を営む権利を有するものであり、なん人といえども、この権利を侵してはならず、国民生活は最優先で守らなければならない」とある。

農業基本構想を策定したものの、当時は経済成長のスピードに農業が付いていけず、結果として高能率・高所得農業は夢まぼろしに終わってしまった。また生活基本構想もいつの間にか忘れさられ、現在ではその存在すら知らない農協役職員が全国連も含めて圧倒的に多い。農業については時々の経済環境に大きく左右されるので、絶えず軌道修正が必要になろうが、生活活動の必要性、重要性は大きく変わるものではない。

とにかく、農協としてはいつでも農協の進路を示す農業のグランドデザインを、生活については「生活基本構想」の復権を、というのが年来の私の期待である。

（『文化連情報』〇六年七月号）

国に追随する担い手対策――第二十四回全国農協大会組織協議案を読む（2）

外野からの意見も反映させるべき

ここでは、二〇〇六年六月一日の全中理事会で決まった第二十四回全国農協大会組織協議案の内容を検討する。

「農協の常識は世間の非常識」という言葉がある。大会議案の準備・検討は、全中が設置した議案審議会及び議案審議専門委員会でなされている。そのメンバーを見ると、議案審議専門委員会には外部から石田正昭三重大学教授など三人が入っているが、いずれも大半は農協全国連の代表である。議案審議会は農協の代表も入っているが、農林中央金庫理事長、家の光協会会長など全国連のトップがずらりと並んでいる。そして審議会の委員長は全中の宮田会長、副委員長が全中副会長、専門委員会の委員長は全中の専務である。こんなことってあるのかな、これでいいのかな、と素朴な疑問を持っている。

前回の大会議案審議は密室で行われた、と私は批判した。この点では、全中のホームページを開けば、審議会に出された資料や主な質疑、全中の考えなどが見られるので、前進したと評価できる。しかし、検討の過程で私が発言、提案しようとしても、そういうチャンスはない。

農業や農協に対して多くの厳しい意見、批判が寄せられている。だとすれば、農協の進路を決める農協大会の議案審議の過程で、生協、財界、マスコミ、研究者、生産者などの意見を聞くことが大切なことではないのか、と考えている。この点で、五月末に公表された財界のシンクタンクである日本経済調査協議会（日経調）の農政改革髙木委員会最終報告「農政改革を実現する」の委員名簿を見ると、ＮＨＫ解説委員、日本生協連、日本農業法人協会の代表が入っており、全中の専務も討議に参加していることは参考にしてよい。

前置きはそれくらいにして、以下、組織協議案（以下案と表示）を批判的に見ていく。

まず、農協グループをめぐる情勢と課題認識から。

案はまず、経済のグローバル化と飢餓・資源・環境等の問題の深刻化、わが国における地方経済の停滞、地域社会の崩壊、環境問題の深刻化、わが国農業における危機の進行などについて述べている。グローバル化の進行は、格差の増大、エネルギー資源の枯渇、環境の破壊や汚染を生み出し、穀物需給は不安定であり、過度に海外依存することの危険性を説く。国内では、農村地域社会の崩壊も起き、「国土はまさに荒れなん」と、している。

そして、農村では担い手が不足し、農業の維持、地域社会の維持が困難になるなか、新たな農業政策がスタートし、ＷＴＯ農業交渉の行方も不明で、わが国農業は大きな転換点を迎えている、と総括している。

この評価は、内容そのものはおおむね妥当だと考えるが、他人事のような記述でいいのだろうか。

そしてこのような流れに農協は乗ってきたのか、抵抗してきたのか、このところが肝心である。このことがはっきりしなければ、これから農協がなにをどうしようとするのかが見えないであろう。

農協批判に毅然とした反論を

このようなスタンスからか、ここ数年来の農協批判に対して「規制緩和やIT等技術革新のもとで、JAグループは制度に守られた古い組織であるとする観点からのJA批判が高まっています」とするりと逃げている。素案の「根拠のない批判に対しては、組合員や地域住民の支持を背景に退けていくことが必要です」という表現よりも後退している。案では、「JAグループの取組みの基本方向」の中に「組合員をはじめとする利用者・地域住民・消費者の信頼を得ること、国民の理解と支持を得ることが、JAグループへの批判に対する強い反論となります」とうたっているが、もはやそんな悠長なことを言う段階ではない、もっと切羽詰った時がきているのではないか、適切な反論を展開すべきだ、と私は考えている。

財界、マスコミ、研究者だけでなく、これまで農協の仲間だと考えてきた日本生協連までもが農協を無視し、日本農業の行く末に対してアンチ農協の旗色を鮮明にしていることを考えると、農協はまさに四面楚歌の状況にあると言える。それに対してまともに反論できないことを私は歯がゆく、もどかしく思うのである。

この基本方向の前段で、農業は国民の健全な食生活を支え、国土保全・環境保全など多面的な役割を果たすことが必要だ、と説く。それはその通りなのだが、そうすることによって農家組合員の暮らしはどうなるのか、農家の暮らしをどうするのかが見えない。だれの目で農協や農業を考えるか、という視点があいまいである。

いや、次に農協は意識的に担い手を育成・支援することが不可欠だと書いてあるではないか、と反論されるのかもしれない。では、その「担い手」について考えてみよう。国が農業をやっていいというお墨付きを与える形での「農業の担い手」という表現そのものがいいのか、と私は考えるが、ここでは案に即して論を進める。

担い手については、次の「JAグループのビジョンと主要な取組み」の第一の柱として掲げられている。「水田農業を中心に各作目の担い手育成確保に全力で取り組む」、「担い手への的確な対応が必要」、「すべてのJAは、『担い手づくり戦略』を策定・実践し、担い手を明確化し、地域実態に即した担い手づくりに取組む」、「JAは、担い手のもとに出向く体制を確立する」等々。水田農業だけでなく、畜産、園芸も網羅しており、担い手のオンパレードである。抜け目なく、金融ニーズ、保障ニーズへの取組みまで言及している。

ではその「担い手」とはどんな農家なのか。案では、全農の「新生プラン」の定義を引き、国のいう「経営安定対策の対象となる農業者」に県内で育成すべき生産者も加えている。

大多数の兼業農家対策は

新聞報道では、国が担い手として位置付ける認定農業者が二十万人になったそうだ。国は「二十一世紀新農政二〇〇六」で、認定農業者を十年後に三十三から三十七万人に増やす計画だ、としているが、まず現在の認定農業者の数そのものが水増しではないか、と私は見ている。私の周りでは、認定農業者として登録されている農民の年齢や耕作面積などを考えると、公表された数字の半分もいないのではないか、と思える。そして認定農業者がすべて「担い手」になる保証はない。

私の所属する農協には約八千の正組合員がいるが、担当者の報告では、国の基準を満たす「担い手」は認定農業者の一割以下でわずか三十人程度、「集落営農組織」は、確実なのは一集落のみだ。鳴り物入りの集落営農は、東北や北陸などと関東地方ではかなりの開きがある、と私は推察している。管内自治体の農政担当者も、国の基準では責任ある農政の展開は不可能だ、と話している。県北の山間地ではもっとひどい状況だと聞いている。

来春には認定された担い手が誕生する。では、それ以外の政策対象外の農家はどうなるのか。今のところ組合員の大多数を占める「小さい担い手」である兼業農家対策について名案がある訳ではないが、農協の現場でもっとも頭が痛いところである。茨城県では、麦や大豆の作付けが多いが、私の周りでは今年限りだ、という声が圧倒的だ。作付けできない農家から借りている土地も返す、と言う。返される人も困るだろうことが予測される。麦も大豆も輸入すれば、それで国内の需要は賄えるのだろうが、自給率は間違いなく低下する。

総じて、案で示されている農協の担い手対策は、国の考えに追随し、その実現に向けて農協の総力をあげていこうという意思表示で、小手先の対応にすぎない、と私は読んでいる。担い手要件の一つに、経営面積が四ヘクタールというのがあるが、これも暫定措置であり、八ヘクタールに引き上げられたら農協はどうするのだろうか。

ここで先に触れた日経調の「農政改革を実現する―世界を舞台にした攻めの農業・農政をめざして」という提言を見てみよう。その中に、「真の担い手とは、家族経営、法人経営を問わず産業としての農業経営を自立実践する構造改革の母体であり、要件を満たす経営が事後的にも担い手要件を満たしているか否かのチェックが重要」、「今日の農業経営の多様化・高度化に対応しうるコンサルティングをはじめとしたトータルサポートのシステム化が強く求められている。行政を含め現存の組織・団体のスリム化を含めた再編整備を断行すべき。トータルサポートの分野は民間の智恵と人と資金の活用が有効」という重要な指摘、提言がある。直接の表現ではないが、後半のくだりは、農協は要らない、と言うことだ。これに農協はどう答えるのか。

案は「担い手に対する経営指導体制の強化」として地域農業のマネジメント、マーケティング、生産技術指導、土地利用型農業の調整、経営・税務管理指導を行う、としているが、どれだけの農協がきちんと対応できるのだろうか。

「JAグループのビジョン」に見逃せない文言がある。「将来とも農業・地域において最も信頼され頼りにされ、組合員をはじめとする利用者・地域住民・消費者から第一に選ばれるJAグループであることをめざし」という表現である。地域住民や消費者から第一に選ばれることはさておき、「組合員から農協組織が第一に選ばれることをめざす」とはどういうことなのか。今更言うまでもなく、農協組織は農民の自主的な組織である。実態はともかく、農協は組合員が自ら金を出し合い、暮らしていく上で自分達の夢や希望を実現するために作った組織である。第一に、ということは、第二、第三があり、その中での第一である。農協があまたある業界の中で第一に選んで貰おうということは、肥料屋、農機具屋、ホームセンター、銀行、郵便局、保険会社などの他の企業と同列であり、農協がその中では最も条件がいいのだから、どうぞ農協をご利用ください、ということを意味する。

この案は、これまでの審議会、専門委員会で幾度も検討する機会があって出てきたものだ。だから、素案にはなかったこの表現を使うにはそれなりのいきさつがあるのだろうけれど、農協組織の根幹に関わる問題だ、と私は考えている。

組合員加入メリットの明確化についても踏みこんだ記述があるが、組合員教育の重要性を考えれば、ピントがやや外れているのではないだろうか。農協組織の防衛策なのだろうが、組合員や地域住民に魅力ある農協を作ることの方が先ではないか。組合員の数が増えていくのはその結果であろう。

地域農業戦略の実践という項目には、「すべてのJAは、地域農業の将来ビジョンを描き」とある。まったくその通りだ。だが、その前提となる国レベルの農協としての農業振興ビジョンはどうなのか、と前回述べた。戦略がなければ戦術は組めない。農協だけでは不十分なので、自治体と一緒に作るべきだと私は考えている。前回の大会議案には、食料・農業・農村等に関する条例制定の自治体の例として東京都日野市の農業基本条例などが挙げられている。その後もあちこちの自治体で独自の条例、計画などが作られており、農協でも千葉県山武郡市農協の「さんぶ二十一世紀農業ビジョン」などは農業、農協のことだけでなく、地域に目を向けた計画になっており、参考にしてよい事例である。

生活活動が欠落

農業振興方策に戦略がないのと同様に、生活活動についても戦略がないことも前回指摘した。議案審議の中では、生活事業（活動ではない！）の位置付けはどうなのか、重視されていないのではないか、もっと書き込んで欲しい、などの意見が出されたようだ。これに対する全中の考えは「生活活動という定義こそしていませんが、ＪＡ食農教育や高齢者の生活支援は、安心して暮らせる地域社会の実現と地域貢献に資する具体的な方途としての提示です」というものだ（二〇〇六年五月二十五日の整理、全中ホームページから）。

食農教育や高齢者支援事業は大事なことだとは思うが、それだけで農協は生活活動に取組んでいるということになる訳がないではないか。私は前回の大会議案のうち生活活動について次のように書いた。

「生活の防衛・向上が農協の生活活動の基本であり、食の安全性の追及こそ農協のおはこであろう。そのことは当然組合員の健康管理や安全・安心な商品の共同購入につながり、介護や高齢者福祉にもつながっていく。また、家庭のレベルで見れば、金融、共済、冠婚葬祭、観光・レジャー、育児・託児などすべてが有機的につながっていく。そして組合員がやるべきことと協同活動として農協がどう関わっていけばいいのかを整理する。それらを体系的にまとめていくのが本来の大会議案ではないのだろうか」。

第二十三回大会の議案には断片的ではあったが、「安心で豊かなくらしづくり」のところに、「地域貢献にむけて、生活活動等地域の取組みを促進する」という表現があるように、まだ生活活動という記述が残っていた。しかし今回の案は無残だとしか言いようがない。高齢者の生活支援の前に、現役の組合員の生活活動をどうするのかこそ問題なのではないか。食農教育は、地域に広がる活動として農協の最重点課題の一つになろうが、生活活動そのものではない。「組合員や地域住民の営農上・生活上の諸課題を解決・支援し」と述べているが、組合員にとっての生活上の課題とは何かについては明示されていない。従って解決策も提示されていない。

最後に、前大会の時にも指摘したことを再び挙げなければなるまい。農協が他の企業と違うのは、組合員自らの組織活動、協同活動がすべての基本、農協は経営体である前に、組織体、運動体だ、ということである。これらを放棄すれば、農協は競争には勝てないことは、農協がこれまでたどってきた道を見れば誰しも分かることである。金融や共済事業の面では、今日では協同活動の場は多くないが、営農、生活活動はまさに組織活動、協同活動が不可欠である。それなくして、あの日経調の厳しい注文、提言をはね返すことは出来ない、と私は考える。世界の協同組合が長い時間と実践を通して打ち立てた協同組合原則に基づいて、私たちはこの困難な事態を乗り越えていかなければならない。

従って、今大会の組織協議案を評価すると、盛り込まれるべきことが入っていない「欠陥商品」ではないか、と私は考えている。

（『文化連情報』〇六年八月号）

第四節　現場からの農協論

二十一世紀の農業・農協を考える——現場からの農協論

(1)　はじめに——私の視点

戦後の民主化改革から五十年余、今農業、農村に新たな改革の波が押し寄せている。農地改革などの戦後改革は農村に新しい風を吹き込み、大多数の農民に夢と希望を与えた。では、この「改革」は農村にどのような影響を与えることになるのだろうか。

この改革の中味は、米改革、土地（農地）制度改革、農協改革の三点セットであり、米については先に方向付けがなされ、土地制度、農協についても国のねらいは示されており、今後どう具体化していくかが焦点となっている。

これらの諸改革は、金融財政、郵政、道路などと同じように、小泉内閣の「聖域なき構造改革」

の一環であり、破綻寸前の国家財政及び経済のグローバリゼーション化と過剰生産恐慌といえる国内経済をどう建て直すかという問題から派生している。

戦後改革は、アメリカ合衆国の強い影響があったとはいえ、日本という一国の政治経済の仕組みをどう変えていくかということだったが、この「改革」は世界の政治経済の激しい動きと枠の中で進められるという点で前回とはまったく異なる。

農業に即して言えば、ここで提示されている三つはいずれも連関しており、しかも我が国の農業構造そのものである。その構造を根底から揺さぶる、あるいは覆そうとする「改革」が何をもたらすのだろうか。「改革」が政府のねらい通りに進んだ時、農業、農村は大きく変貌するであろうが、その時の日本という国はどうなってしまうのか、私は見通すことが出来ない。

農業という産業は、資本主義経済の進展のなかで、一般的には工業部門のような発展をとげることはなかった。土地や気象、歴史、風土などいろいろな条件、要因がからんでいるからだが、現在でも資本主義的生産様式が各国の農業の主流ではない。とすれば、国境を取り払ってまったく自由に貿易を、ということは各国の農業生産条件を無視することであり、場合によってはその国の死命を制することになる。

そもそも国という人為的な存在が認められているのは何故なのか。国はその国民に何をすればいいのか。一般には、国民の生活と安全を守るということではないか。国民の生活を守るということは、衣食住を保障するということであろう。その一つである食について国が責任を持たないとすれば、それは国という名に値するのだろうか、と私は考えている。国の安全システムが機能しないと、政権交替や革命が待っていることは歴史の証明するところだ。

さて、米に代表される食料を生産する土地制度及び生産された食料を国民に供給する役割を担う農協の変革を考えるとすれば、家族的農業経営を中心とした我が国農業と農業を営む農村は根幹から変わることになる。いうまでもなく、農業という産業は単なる食糧生産だけでなく、雇用、環境、文化など影響範囲は限りなく広い。そして、一度破壊された農業生産を元に戻すことは不可能である、と私は考えているが、これらの改革によって我が国の農業、農村がどう変貌していくのか、おそらく誰も見通すことができないのではないか。

とにかく、その全体像を今ここで展開することは、私には荷が重過ぎる。そこでここでは、私が直接関わりを持ち、「改革」の柱の一つになっている農協に焦点を絞り、現場から見た農協の現状と問題点を探っていく。但し、農協の組織、事業、運営のすべてをここで論じることはできないので、私がさしあたって現場で触れておかなければならないと思うことに限定し、経済、信用、共済等の事業論にまで立ち至っていない。

(2) 学生の見た農協像――「農協は行政機関の一部」

「農協はあってもなくても同じだと農家は考えている」。「農協はこれからどうしたらいいのでしようかと、こちらが教えてもらいにいった農協の職員に逆に聞かれてしまった」。

これは、私が教えている鯉渕学園の学生が提出したレポートの一部である。同学園では、毎年四月から九月まで二年生を相手に「農業協同組合論」を担当している。試験は行わない。代わりに、講義だけでは分からない農協の実態を学生自らが体験してもらおうと、出身地か、自分でここは面白いと思った農協へ行って、農協の概要、特徴、問題点、改善したいと思うこと、感想をレポートにして提出してもらっている。

「大学は知識を覚えるところではなく、自分の頭で考えるトレーニングの場だ」というのが私の考え方であり、「いのちのみなもとである農の仕事に自信と誇りを持って欲しい。農業という仕事が嫌いなら、後で悔やまないように、最初からやらない方がいい」と講義の最初と最後に話すことにしている。その半年の講義のあと、学生がどこまでその内容を理解しているか、農協とこれからどう付き合おうとしているかを知る上で、このレポートを読むのが毎年の楽しみである。

鯉渕学園に限らず、前に教えていた茨城大学や筑波大学、現在教えている茨城県立農業大学校でも共通しているが、学生は講義を始める前はほとんど農協のことを知らない。毎年、最初に出身地、親の職業（農業の場合は経営内容も）、農協について知っていることなどのフェイスシートを出してもらっているが、農協の建物があることは知っていても、その中へ入ったことは少なく、知っていることとして、農協牛乳、農協貯金、農協共済など断片的なことしか書いてこない。

学生に対して、農協についてのイメージ調査は毎年行っている。農協という組織がどのような性格のものかを質問したもので、前に河野直践氏（茨城大学助教授）が全国の大学生を対象にした調査（以下河野調査[1]）と比較できるように、同じ内容にしている。

それによると、農協は「行政機関の一種」だと考えている学生は二〇〇二年で八％で、河野調査よりやや少ない。農業を専門とする学生でもそういう認識をしている。「半官半民の組織」と考えている学生は二八％で、最も多い。合わせて三分の一以上が農協は行政機関の一種だと考えている。茨城県立農大ではこの比率がもっと高く、二〇〇二年の調査ではなんと半数の学生が農協は行政機関か半官半民の組織だと答えている。筑波大学にも「農協は郵便局と同じく、国の機関の一部と思っていた」学生がいたが、どこでも同じ傾向のようだ。

農協は長いこと〝経済役場〟と言われてきたし、現在でも農協は役場と一緒になって減反政策を進めているのだから、学生にそう受けとめられても仕方がないのだ、とこの頃は得心している。

「民間の営利企業の一種」と考えている学生も常に三割から四割はいる。農協の今日の姿を見れば、組合員を対象とした共済、背広、宝石、健康器具などなんでもありの推進が恒常化しているのだから、「営利を目的としない組織」とは考えにくいのだろう。

筑波大学では生物資源学類で二〇〇二年から農業協同組合に関する講座がなくなった。農協という存在に魅力、関心がないからか、受講する学生が減ってしまったためだ。国立大学の農学系学部で農協論があるのはわずか十学部くらいに減ってしまったと聞くが、農協のことを知らない学生が農協や農業関係の仕事についている現実を私はおそろしいことだと受けとめている。彼らが農協へ就職しても、一般企業と同じように、組合員はお客様、セールスの対象でしかないと考えて行動するのではないか。

学生には、講義で農協の理念、歴史、事業内容、問題点、今後のあるべき姿などを話している。我が国ではこれまでに、農協論についての先学の研究蓄積は膨大であるが、現在の農協の動向を正確にとらえ、教科書として利用できる本は少なく、やむを得ず、今年から私が教科書用に書いた「現場からの農協論(2)」を使っている。

冒頭の文もそうだが、今年のレポートから一部を引き、学生が農協をどう捉えているかを見てみよう。

・農協は近くにあるが、近寄り難い存在だった。
・農協と聞いてもピンとくるものがなかった。
・農協は暗いイメージ。やる気がなく、不祥事が多い。いい印象を持っていなかった。
・禁止されている農薬を農協が売るなんておかしい。このままでは農協は農家から信頼されなくなってしまう。
・農協と取り引きすることは農家にプラスになるのか。大規模経営の場合、企業と直接取り引きした方がより多くの利益になるのではないか。
・信頼を得るのには何十年もかかるが、失うのはたった一日で可能。人間関係も同じだと思った。
・農協でも本店支店というが、農協は店(みせ)なのだろうか。
・まずは地元での消費拡大を。地元の農と食に自信が持てるようになれば、おのずと他の地域の需要も高まる。

・農協職員は自分の管内を見つめ、組織の置かれている状況を判断し、何をすればいいかを考え、組合員のこころをつなぎ、種を播く人、火付け役になって欲しい。

・農協は生産者との信頼関係を大切にしながら、農業に携わる者として責任を持って安全な農産物を供給していかなければならない。

・自分の都合のいい部分しか農協を利用しない組合員が多くいるのでは、農協は良くならない。

農協への批判も多いが、総じて彼らの見方はシャープである。農協のことをほとんど知らなかった学生が農協訪問を通して新しい発見をする。驚きの声をあげる。

「農協は農家に人が集まる所としてしか考えなかったが、直売所はもちろん、葬祭事業やAコープなど幅広い活動を展開していて、農家以外の人も利用し、地域に密着した活動が見えてきた。間違ったイメージを持っている人に積極的にアピールしていけばいい。農協のよさ、すばらしさを学ぶことができた」。「本当においしいものを見分ける力を消費者にはつけて欲しい。生産者は、農産物本来の味を大切にした農業をやって欲しい」。

農協のことだけでなく、彼らは農産物の生産、自給率と輸入問題、安全性などいろいろなことを書いてくる。

(3) 農協は協同組合か——農協と農政の関わり方から考えること

住専問題が発生した時に、大内力氏は「農協は協同組合という看板を掲げ、法的にも協同組合とされてきたが、その実は協同組合ではない」と指摘している。(3) 協同組合といえども、国家と無関係には存立しえない。その活動の基本的枠組みは法律によって規定されるし、税制、経済政策、社会政策の面で国家の影響を強く受けている。従って、協同組合原則では第四原則のなかで「すべての協同組合は、政府との間に開かれたすっきりした関係を築くことに、絶えず注意を払わなければならない」(4) と協同組合と国家との関わり方について述べている。

農協は果たして協同組合なのかという課題を考えるにあたって、ここでは、産業組合時代の国家との関わりには触れず、戦後の農協発足以後今日までの歴史の中で、農協と国との関係のうち特徴的なことについてだけ簡単に見ておこう。

〔農協財務処理基準令〕

一九四七年の農協法施行を受けて、翌年から多くは農業会の看板を塗り替える形で農協が設立された。しかし、農協の乱立、引き継いだ農業会の資産に不健全なものが多かったこと、経済変動のあおりを受けたことなどによって、不振農協が続出した。そこで農協は国家補助を求め、国はその見返りに政令で農協の経営に具体的な規制を加えることとした。一九五〇年の農協財務処理基準令の公布とそれに伴う常例検査制度がそれである。農協にはその程度の運営能力しかなかったと言わればしかたがなかったのかもしれないが、行政機関が箸のあげおろしまで指示するという構造がこの時にできあがった。

国はその後も農林漁業組合再建整備法、農業協同組合整備特別措置法などの立法措置により、国や都道府県の助成で農協再建を図っていった。この傾向は、一九六一年の農協合併助成法などによって一層強まっていく。農協が自ら自主性を放棄した第一歩は農協財務処理基準令の導入にあった。

［住専問題］

国が農協を救済したドラスチックな第二幕は住専処理への国家資金の投入である。

一九八〇年代後半、我が国は株式、土地などの資産価格高騰ブームを中心に金融バブルに酔いしれていた。しかしこのバブル経済も九〇年前後の金融引締め政策や土地関連融資の総量規制などによって崩壊した。大手の金融機関、証券会社が倒産、吸収合併に追い込まれ、この時発生した不良債権問題は今日まで尾を引いている。

住専問題もその一つである。「土地神話」を信じて農協も不動産担保融資にのめり込んでいったが、その中心となったのが住宅金融専門会社八社への融資であり、農協系の融資総額は五兆五千億円に達した。

この住専の破綻処理策の一つとして農協に六八五〇億円の財政資金＝税金が投入され、農協系統の負担は大幅に軽減されたが、この時の財界やマスコミの農協バッシングのすさまじさは記憶に新しい。そして、この金額の根拠は今日に至るもなおあいまいなままである。

この時の問題の根幹は、農協組合員の貯金の一部が農業とまったく関係のない不動産投資へ回っていたこと、貸し付けをしたという事実と生じた結果について農協全国機関を含めて関係者のほとんどが相手である住専や農水省・大蔵省の批判をするだけで、自らは責任を取らなかったこと、国もまた禁止、防止策を講じなかったことにある、と私は考えている。「農業生産力の増進及び農業者の経済的社会的地位の向上を図り、もって国民経済の発展に寄与する」ことを目的とした農協法第一条を引くまでもなく、それ自体なにものも生まない不動産投資＝住専融資に深く関わることは農協の活動範囲を逸脱することであり、役員や担当していた職員に農協が協同組合であるという認識すら欠如していた、と指摘せざるをえない。

現在では国は一兆円単位の公的資金を銀行等に投入しているので、住専処理の時の財政資金投入額が六八五〇億円では大した金額とはいえないが、このことにより農協は、農政全般に対して意見、批判、要求を大きな声で言えなくなってしまった、と私は見ている。

［ＢＳＥ問題と「食と農の再生プラン」］

農協は協同組合ではなく、国である農水省の下部機関だと思わせることが最近もいろいろみられるが、そのきわめつけは農水省が二〇〇二年九月に発足させた「農協のあり方についての研究会」であり、農水省のホームページにある「農協改革ボックス」である。

国民各層の声を農協改革に反映させるためというが、本来全国農協中央会や全農などがやるべき農協改革をどうして農水省が音頭をとってやるのだろうか。全中は何故不当な干渉だとはねつけないのだろうか。

二〇〇一年に発生したBSE問題に端を発し、食品の偽装表示、食品汚染、使用が許可されていない添加物や農薬などの不正使用と食品をめぐる国民の不信感は募るばかりだ。この不信感を払拭し、食に対する国民の信頼を回復しよう、と農水省は二〇〇二年四月に「食」と「農」の再生プランを策定した。このプランを具体化する柱の一つに「食と農の再生に向けた農協の構造改革を促す」という項目がある。

それによれば、農家数の減少、集落の混住化、大規模農家の農協離れ、消費者ニーズの多様化など農業、農協をとりまく情勢は大きく変化してきている。また農協に対しては、消費者の食の安心・安全の不安への対応が不十分、やる気のある農家の経営に役立っていない、農家よりも農協のための農協になっているなどの不満や批判がある。このため、国は有識者との検討の場を設置し、二〇〇三年三月までに農協改革の方向をまとめ、消費者ニーズへの的確な対応、組織・事業の効率化・スリム化、アグリビジネスとの公平な競争条件の確立、補助金依存体質からの脱却、を図っていくとしている。

さらに、プランを具体化するための工程表には、全農本体の事業・組織の効率化・スリム化、子会社の大幅な整理統合などが盛り込まれている。

なるほど、情勢の変化や農協に対する不満、批判があることは指摘の通りである。しかし、初めに結論ありきという進め方は、民意も聞いたというこれまでの審議会方式と同じではないか。

農協改革を促進するための会議には「農協のあり方についての研究会」の他にも「農協系統組織

との定期懇談会」、「担い手農家懇談会」などがある。

そもそも、消費者の食に対する不安、不信は国の食料政策がまずかったことに根本原因があるのであり、農協組織やその子会社が不正を働いたことはそれ自体肯定できないにせよ、そのゆえに農協に責任を転嫁するというやり方は、どう見てもフェアではない。「農水省の焼け太り」と評されるのも無理はない。農協は農水省の下部機関ではなく、農民の自主的な組織であることを強調しておきたい。そのためにも、全中などは研究者、第一線の農協関係者などによる農協独自の研究会を組織し、積極的に対応策を検討する必要があろう。

農協事業の見直し論議はこれだけではない。政府の総合規制改革会議は、農協に対する独占禁止法適応除外の見直し、信用・共済事業の切り離しなどを取り上げている。その通りに進めば「農協改革」ではなく、「農協解体」になるであろう。農協組織がおこなった相次ぐ食品の偽装表示、無登録農薬の供給など、農協の行為が社会問題になったことに起因して、農協の存在そのものが俎上に乗せられている現実の前では、本来検討する場合の前提となる協同組合原則や農協法の理念は失せてしまっている。

(4) 農協は何故押されっぱなしなのか

[株式会社参入問題]

自明のことだが、農協は株式会社ではない。だから農協は、これまで国や経済界が進めようとしている農協の株式会社化の構想や農地の所有への株式会社参入を否定し、阻止しようとしてきた。

農協は、経済的弱者の農民が連帯し助け合うという相互扶助の精神を組織理念としている。その目的は、構成員の生産や生活を守り向上させ、究極的には公正な社会を作っていこうとするものであり、組合自体の利潤追及を目的とはしない。さらに、組織者、利用者、運営者が同一人である。

これに対して、株式会社は利潤追求が目的であり、競争原理が基本的な考え方になっている。運営も一部の大株主によって支配されることが多い。経営に失敗すれば市場で淘汰されていく。協同組合が株式会社に転化して失敗した事例はこれまでにヨーロッパ各国に多く見られ、我が国では最近の雪印乳業がその轍を踏んでしまった。

失敗したかどうかは別にして、全農や経済連の子会社は数え切れないほどあるし、全国にあるAコープの店舗も子会社化が進んでいる。さらに二〇〇二年には「日本農業新聞」が株式会社になった。赤字だったAコープが別会社にしたら黒字になったという話も聞くが、それは運営の問題であって、組織のあり方とは次元の違う話である。農協を株式会社にすれば黒字になるというのなら、現在の経済システムの中で、協同組合組織の存立を否定することになる。我が国の農業生産が資本主義的生産様式に変われば、自ずと農協も不用の組織となる。

現実に、農協組織では経営がうまくいかないからと分社化、株式会社への脱皮を進めている農協が、農業の各分野への株式会社参入を否定できるのだろうか。論理的に矛盾してはいないか。例えば、土地利用をめぐっても遊休農地の増加に対して農協はどういう手立てをしてきたのだろうか。

千ヘクタールの遊休農地を四百ヘクタールにまで減らしたという群馬県甘楽富岡農協のような事例はまれである。

[不足している理論武装]

さきに見たように、農水省の農協への攻勢にはすさまじいものがある。理論構成はともかく、風向きを読み取り、国民、農民の不安、不満をバックに農協を思いのままに変えていこうとする迫力の強さはこれまでには感じられなかった。

それに対して農協陣営はどうか。

住専、食の安全性での失敗などにより農協は牙を抜かれてしまい、お手上げの状態にある、と私は見ている。

大学の農学部系で農協論という講座がなくなっていく。従って農協論を専門とする研究者も減っている。ハウツウものや各地の事例はあっても、本格的な農協論は出版されなくなっている。学生が農協を行政機関の一部か営利企業と考え、中央協同組合学園が長期研修生の募集を打ち切ることにより事実上その機能を停止し、県レベルの農協学園、講習所も同様の状態である。また、全国農協中央会は一九九三年版を最後に『農業協同組合年鑑』を発行しなくなり（その後二〇〇五年に『JA年鑑』として複刊された）、農協系のシンクタンクもその機能を果たしえず、事業推進に振り回されていると聞く。地域協同組合論の是非をめぐる時のような、農協のあり方をめぐっての研究者間の論争もほとんどなくなってしまい、耳ざわりのいい、しかし現場ではどうすればいいのか分からない発言だけが聞こえてくる。

農協の現場では「理屈ではメシは食えない」と経営至上主義が幅を効かし、事業推進のノウハウがはやる。自由闊達な議論はほとんどなされず、内部、外部からの異論反論を受けつけないという風土、体質である。総じて言えば、今日の農協は大政翼賛会的体質が色濃い組織である。伸びていく企業、組織は内部で自由な提案、研究が保障されているという。その点でも農協組織は硬直化していると言わざるをえない。農協の呼び名をＪＡと変えたくらいでは体質は変わらない。批判を許さなくなった組織は滅ぶ。

農水省を向うに回して論陣の張れるイデオローグを育てることは、すぐにはできないことだが、農協組織を再生させ、残していこうとするならば不可欠なことである。

［甘い現状認識］

「全中は金と実行力が乏しい。（二〇〇二年）八月に『食の安全・安心対策室』を作ったが、実際に行動で表す単協、経済連、全農を動かせる裏付けがないのではないか」。「全中・全農が『農協のあり方についての研究会』（以下、あり方研究会）の席上で説明したようなことが実行できればそれで十分。現実に何故できないのかが問題。（できないのは）ＪＡ役職員の意識改革に問題があるためで、『現状認識』や『将来見通し』が甘いからではないか」。これは、農水省のホームページから拾った、あり方研究会での意見の一部である。

この他にも、このホームページにある「農協改革ボックス」には農協組合長、連合会職員、農家などの声が数多く載せられており、その通りだと思う意見が多い。農水省は、農協と比較すると反応が早い。ＢＳＥ、牛肉偽装表示、無登録農薬、米、土地など最近の取り組みを見ていると、即座に反応し、中味はとにかくとして対応策をすばやくまとめあげていく。農協問題も然り、である。

それにひきかえ、農協の反応、対応は驚くほど鈍く、遅い。まさに現状認識が甘く、将来見通しがないのだ。少なくとも私にはそうとしか見えない。

その原因の一つに、農協全国連の役員、職員が農村、農協の現場をよく見ていないのではないか、ということを挙げたい。宮脇朝男元全中会長をひきあいに出すのは少し気が引けるが、やはり農民の組織である農協は、第一線である農業・農村の実情・実態がどうなっているのかを知り、分析することが王道である。そのことなくして将来展望など語れるはずがない。情報はインターネットなどでも集められるが、現場に足を運びそこで何が起こっているかを見る、それが基本である。

二〇〇〇年に開かれた農協全国大会の議案書[5]を見ると、冒頭に社会・経済の潮流として経済のグローバル化、ＩＴ革命、競争の激化、少子・高齢化、農協の組織基盤の変化、価値観の変化・多様化などが挙げられている。そしてＪＡグループがすぐに取り組む基本として、①安全・安心な食料の安定供給、農を支える担い手の支援、②地域に貢献し、安心して暮らせる地域社会の実現、③組合員・地域住民のニーズを反映した事業運営と経営・事業・組織の改革、を挙げている。

大会のスローガンとしてはそれでいいかもしれないが、農協大会後の二年間、全国の農協のやってきたことを見ていると、何故農協がここまで追い詰められてきたのか、農村の現場で何が生じているのか、これまでの総括と現状の把握とが不十分であった、と指摘せざるをえない。例えば、相次ぐ食肉や茶の偽装表示事件や無登録農薬問題で、全農を含めていくつもの農協が関わっていたということは、たまたま担当職員がやってしまったという偶発的なことではなく、安全・安心な食料の安定供給という農協大会の基本方針の最初に掲げたことと相反することを農協がやってきた、そして今日の農協はそういう体質である、ということを物語っている。こうした行為は公正な社会を目指すという協同組合の理念にそぐわないことである。二十一世紀は「競争」ではなく「共生」が基本だと言いながら、実態は競争と経営基盤重視の農協運営が行われている。これは「市場原理」に立つ農水省と同次元の考え方である。

農協の合併についても同じことが指摘できる。組織が大きくなれば、運営方法も変わってくる。特に、組合員からの意見の汲み取り方に意を注ぐことが最重要課題だが、現場まかせにされている。合併後の営農・経済事業の展開方法についても、これはという指針が示されていない。始めに合併ありきで、そして何をどうすればいいのかというメッセージが出されていない。指導もしない。現場でもどうしたらいいのかが分からない。いきおい、組合員の不満はつのる。大規模農協の利用率低下はその現われである。すべての指揮を全中、県中がなどとは言わないが、現状を見ると全中はその役割、機能を果たしているとは言えない。現場を知らないからである。

たとえ表現が不十分であっても、大会で決めたことは守ろうという意識が役員、職員にあれば、一連の事件は起こらなかった。そもそも、農協現場で、役員、職員がこの大会決議をどれだけ知っているだろうか。

以前の全国農協大会ではボリュームのある総括（基調報告、情勢経過報告など）がなされていたが、最近はそれがなくなってしまっている。

［不足している企画力と組織力］

全国機関がそうだから、県レベル、単協レベルも同様である。農業、食料、農村の実態は刻々変わっているが、食と農の現状を見ていないのではないか。今日では、国民の食への支出のうち生産者の取り分はわずか二割しかなく、外国からの農産物も含めて大手の食品加工資本、流通資本が牛耳っている。農協の手が届く範囲はマイナーになってしまっているのだ。しかし、米にしても青果物にしても、多くの農協はこれまでの市場中心の販売（というより集荷・出荷）から脱しきれていない。

自分の地域の実態をよく把握し、こうしたいという展望を描き、その中で組合員の役割、農協という組織の役割、地域社会との関わり方を提示していく。これがプロとしての農協職員の果たすべき任務だと思うが、そのような計画書に出会うことはほとんどない。企画力と組織力が不足している(6)。従って、県庁や市町村役場の職員とその地域の農業のあり方について論争もできない。足元をよく見よ、である。

それに対して市町村はいたって元気である。地方分権一括法が二〇〇〇年から実施に移され、明治以来続いた、国が主導し、地方はそれに従属させられるという関係が国・地方は対等・協力という関係に変わった。

それ以前から「いま、まちづくりは花盛り」と言われるように、全国各地で地域活性化の取組みが展開されている。また、行政改革の一環として、自治体の事業評価システムも確立されており、三重県や福島県三春町などあちこちの自治体で実施に移されている。

それらの延長として、二〇〇二年の福島県矢祭町のように、住民基本台帳ネットワークへの不参加や合併しない宣言など、市町村独自の取組みが目につくようになっている。

市町村の合併は、二〇〇五年春までの期限付きで国がしゃにむに推し進めようとしていて、地方分権とどう関わるのか、現在のところ不透明な部分があるが、自治体の進む道を自己決定し、自己で責任を取るという住民自治の流れは押とどめられないであろう。

(5) 農協は誰のために、何のためにあるのか――農民の営農・生活上の自衛組織

農協は誰のために、何のためにあるのか。私たちが農村で暮らしていくのに協同活動は何故必要なのか。これは古くて新しい課題である。農協がある限り問いつづけなければならない課題といえる。

私は、この答えとして山口一門氏の次の言葉を借用する。

「農協の協同組合としての事業活動は、その行為の発生のプロセスからみても、農民の営農なり生活の路線上に発生する。問題の解決、期待や願望の実現が自己完結では不十分であるか、不可能

な部分を協同活動によって処理していこうとしたものが事業であり、当然すべての事業は、組合員の営農と生活の延長線上に仕組まれたものであるべきはずのものである」(7)。

我が国の農業生産の担い手は今日でもなお小農であり、小商品生産者である。その農民が、いい農産物を作りたい、作った農産物はできるだけ高く売りたい、農業だけで食べていきたい、と考える。また、いいくらしがしたい、達者で長生きしたい、幸せにくらしたい、と願う。いい農産物といっても、見た目がいいものを作りたい、消費者ニーズに合った安全なものを作りたいと人によってさまざまである。いいくらしというのでも、カネやモノに固執する人もいれば、こころの幸せを望む人もいる。

我が国には農業法人もあるが、基本的には農家の農業経営や生活は家族が単位である。そしてこれらの農家の活動は一戸一戸でできないことではない。肥料、農薬、農機具は農協だけが扱っている訳ではないし、農協が他の商店より格段に安いこともない。金を預けたり、借金したりするのも農協だけが窓口ではない。現在では逆に、銀行や郵便局、保険会社との競争は激しくなっている。

しかし今日の資本主義社会の中では、都市と農村、農工間の格差は広がるばかりで、独立した経営単位としての小農はあまりにも小さい。農家がバラバラでは市場での競争条件は圧倒的に不利である。弱肉強食の社会の中で、自分達のくらしを守るために発生したのが協同組合である。そして、総資本の側では、農協組織を通して農業用資材を供給し、農産物を買い入れる方が流通経費を節減できるのである。

また、最初に掲げた米改革、土地制度改革などの農政上の問題は、政治家に任せておいて済むというものではない。

こうした農民の営農、生活上の諸問題を解決していくための自衛集団、自衛組織が農協なのである。国の農業に対する方針が農民をつぶそうとするのなら、それに対しての抵抗組織にならなければならない。

農民の自衛組織としての農協は、地域に根ざすものであるから、五年後、十年後の地域社会と地域農業のあり方を示さなければならないし、その時に農家のくらしがどうなっていくかが分かるような計画が求められよう(8)。多くの農協の計画書は、事業分量拡大、農協の経営をどうするかが中心になっているが、自分のくらしに関係ない文言、数値がいくら並んでも、農家は見向かない。組合員の悩みや問題、課題が何なのかをつかむことがすべての活動、事業の始まりである。しかし、例えば第二十二回農協全国大会や同じ年に開かれた茨城県農協大会の議案書を見ても、農家の実態、組合員の農協を見る目、要求、要望などの記述は一切なく、情勢がこうだから、農協はこれをしなければならない、という上意下達のトーンで書かれている。

(6) 農協の現状と課題

［農協へ売る、農協から買う］

では、農民の自衛組織であるべき農協の現状はどうか。最初に、再び二十年以上も前に書かれた山口一門氏の文を引く。

「本来、農民の生産活動の延長であった共同販売、消費活動の協同であった共同購買から出発した、農協の販売・購買事業も、最近では、農民の協同という性格が後退し、農協の請負活動に変わってしまっている。販売にしても購買にしても農民の中から、『農協を通じて売る』『農協を通じて買う』という意識が消え、『農協へ売る』『農協から買う』となってしまっている」[9]。

農協へ売る、農協から買うということは、農協が販売面で卸売市場、買い付け商人、加工業者、購買面で肥料・農機具商やホームセンター、量販店と同列になってしまっている、ということを意味する。組合員である農家にとっては、どちらが安いか、サービスがいいかが利用の判断基準となる。農協と商店、商社は競合・競争関係にある。そして、「農協の資材価格は高い」という組合員の声や学生の「農協は営利企業の一つ」という考えは、このことから生じている。

農協職員の組合員に対する意識、関係も変化し、組合員を「お客」としてしか見ていないのではないか。「推進」という表現を私は好まないが、農協職員は年中背広、宝石、お茶、共済、貯金などの推進に追われている。職員と組合員が一対一の関係というのは、商社のセールスマンと同じではないか。共同販売、共同購入は本来個人ではなく、利害関係が一致する集団が対象であるのだが、推進は個人を対象とする場合がほとんどである。「お客」としてしか見てもらえない組合員は、農産物を自分の好きなところへ売り、安くてサービスのいい店からものを買うことになってしまう。ノルマを達成できない職員は家族や親類を頼り、それでもできなければ職場を離れていく。

むろん、トータルとして農家の手取りが増えればそれでいいのだから、すべて農協を通じて販売したり、購入したりする必要はない。これは、単協と連合会の関係でも同じである。

［生活基本構想の目指したもの］

最近私は一九七〇年の第十二回農協大会で決議された「生活基本構想」に着目している。この年に、今に続く米の生産調整が始まり、農産物の自由化、都市計画法の改正など農業・農村に激動の波が押し寄せてくる幕開けの時期だった。

農協陣営はその前に「農業基本構想」を打ちたて、営農団地の造成を基軸として高能率・高所得農業の実現を目指していた。これとあいまって、組合員農家の生活の防衛・向上を図るために策定されたのがこの生活基本構想であった。

「農協が、その基盤である農業者、農業、農村の変化に対応できず、しかも企業との競争にうちかてず、組合員に利益と便宜をもたらしえなければ、その存立さえむずかしいといわなければならない」。「その意味で、将来へのはっきりした展望に立ち、未来を先取りする形で、この激動の時代に積極的に対処することが要求される」。

「（農協の）事業が運動として展開されるためには、構成員が協同して企画し、協同して活動に参加することが基本であり、構成員の間の人的結合が前提となる」。「組合員の意思にもとづく企画、活動への参加がうすく、役職員が組合員を顧客としてとらえたり、組合員が農協を他の企業と同列視したり、連合会が農協を事業推進の対象としてのみとらえるのでは、それは農協運動の実体をそなえているとはいえないだろう[10]」。

三十年以上も前に、私が先に指摘したことを、全国の農協はそれまでの農協運動の反省として掲げている。そしてこれまでの農協にもっとも欠けていたものは、企業との競争にうちかつ厳しさであるとして、民主的運営の徹底、経営能率の向上、質的向上の目標設定、総合機能の発揮、生活活動の積極的展開を提唱している。その上で、生活のあらゆる面で農協の果たすべき役割と対策を示している。

それでは、生活基本構想の目指したものは何だったのか。整理すれば次の二つである。一つは、協同して生活の防衛を図ること、もう一つは農産物の需要拡大を図り、これを価値通りに販売していくことである。

今でもこの構想の考え方の基本は農協として変える必要がないし、農協がこの構想実現のための努力を続けていれば、国から農協改革を、などと言われなくて済んだのでは、と私は考えている。先の農協大会議案を見れば分かるが、現在の農協の生活活動としてはめぼしいものは取り上げられていず、わずかに高齢者福祉、生きがいづくり活動だけである。今日の農家のくらしの問題、課題が何なのか、肝心の現役組合員の生活をどうするかは、まったく触れられていない。

[農家のくらしと協同活動]

組合員の営農上、生活上の問題、願望が協同活動によってどれだけ実現できたか、解決したかが農協の課題であるが、その点をさらに見てみよう。

二〇〇一年六月の農協法改正で農協の事業目的の最初に営農指導事業が置かれた。それまでは長いこと資金の貸し付け、貯金の受け入れが最初に掲げられていた。農協の前身である産業組合の出自に由来する。

この農協法の改正の前に農水省は農協系統の事業・組織に関する検討会の名で「農協改革の方向」という文書を出しているが、この中に「農協の最も重要な機能は、地域農業の振興である」、農協は「地域農業振興の司令塔として地域をリードしていくことが何よりも重要である」と書かれている。これに対して農協理論研究の大御所である三輪昌男氏は、「営農指導は農協の第一の事業か」「農協は地域農業の司令塔であるべきか」と疑問を投げかけ、「営農指導を農協の第一の事業と定めるのは、時代の流れに逆らうもの」と反論している(11)。

確かに、三輪氏が同書で指摘するように、農水省が本来やるべきことを農協に肩代わりさせ、農協が地域農業振興戦略の樹立を一斉に行うとすれば、それは計画経済に属することであり、政府に指図され、政府の代理として行うことではない。そして、協同組合の取り組みは、持っている力の範囲内で行われる。先に触れた農水省のあり方研究会の「農協の営農・経済事業改革に関する論点」でも、消費者ニーズへの的確な対応などが挙げられているが、中心、基本となるべき農家組合員からの視点は欠落している。

それでは、農家は農協に何を期待しているか。みやぎ仙南農協のアンケート調査によれば、最も強い声は有利販売などの販売強化であり、情報の伝達、調整などに期待が高まっている。また、組合員との意思疎通にはかなりの不満がある。この結果などをもとに同農協では、生産者の手取りを増やすために販売努力をする、高品質の農産物生産のために営農指導力を強化する、購買品の低価格化を実現する、などを目標に掲げている[12]。先に見た全中の調査でも、組合員は営農指導の強化を最も強く望んでいる。

三輪氏が指摘するように、農協は、営農指導から始まったのではなく、いわゆる流通協同組合として、販売・購買・信用などの事業を企業的に営むものとして始まり、現在でもそれらがメインの事業である[13]。しかし、だからといって農協から販売と直結する営農指導事業がなくなってしまったら、農協は存立しうるのか。また存立する必要があるのだろうか。農業技術面なら国県の試験研究機関や農業改良普及センターがある。販売だけなら今では農協がなくとも生産者は困らない。そしてこれまでの農協の販売事業は、一般には無条件委託という大義名分により、農産物を販売していたのではなく、農協はものを集荷し、それを出荷し、その代金を生産者に払うというレベルでしかなかった。

しかし、こうしたやり方では現在の厳しい外部環境の中で、農協は組合員の要求に答えることはできない。「信用共済は、銀行や保険会社でもできます。農協にしかできないことは農業生産だ[14]」。これは、壊滅寸前の地域農業生産体系を再構築させ、多様な販売ルートを開拓し、生産者の所得向上を図っている群馬県甘楽富岡農協の黒沢賢治氏の言葉である[15]。営農指導を含む販売事業がない農協は、組合員にとっては不用、無用の存在でしかない。

［個別農業経営の確立が基本］

言うまでもなく、営農の基本は個別経営である。最初に農協全体の計画や地域計画がある訳ではない。農業とは、誰が、どこで、何を作るか、である。だから、個別農家が農業生産で暮らしていける条件をどう作り上げていくか、が農協としての今日の課題であり、人（生産者）、土地条件、農業技術、販売などをトータルにコーディネートしていくことが農協の営農指導の任務であろう。この個別農家への対応なくして地域農業全体を考えることはできない。個別農家の経営確立と集落や地域全体の営農計画は密接につながっているし、個別農家の協同活動の場が農協なのである。

この生産面での協同活動には、組織指導、生産技術指導、経営指導の三つが必要になる（ここでは指導という表現の是非についてては生活指導も含めて論じない）。そして、組合員の考え方、地域及び国内農業生産の現状と動向、外国や食に関する産業の動きなどを総合してはじめて地域農業の戦略、戦術は立てられる。行政が進めている「地域農業マスタープラン」のように、始めに農業経営の指標、担い手の育成目標などの様式が決められ、それに基づいて農家や生産集団、高齢者グループなどをあてはめていくやり方では、作文を書くだけのことで、農業・農村の現状を変えていくことはできない。

農協の営農指導事業の目指すものは個別農家の農業経営の確立であり、それを達成するために地域農業の確立が必要なのである。その場合、農家を一律にとらえるのではなく、中島紀一氏が提唱しているように、生産農業（農業を生計の中心とする農家が対象）、生活農業（自給的農業、直売グループなど）、環境農業（有機農業など）のような分類が必要になろう（水戸農協への提言）。

［生活面の協同活動］

では、生活面の協同活動はどうか。生活習慣や生活環境の改善、家庭経済の防衛・安定、生命の安全・健康管理、教育文化、新しい地域社会の建設など生活の質向上等々営農活動よりはるかに範囲が広い。その方向や具体策は『生活基本構想』やその後に出された『農協生活活動基本方策』に示されている。[16] これに照らして見れば、現在の農協が取り組んでいる高齢者福祉、介護サービスなどは、生活面の協同活動のごく一部でしかない。いや、もっと正確に言えば、農協が一方的に提供しているサービスは事業であって、協同活動とは言えないところがある。

多くの農協で生活活動が矮小化され、所詮モノ売りと言われる中にあって、県域農協である香川県農協の「生活事業改革への取り組み」は注目に値する。同農協では、「地域農業や地域社会、経済環境等の環境変化に的確・迅速に対応し、組合員や利用者にとってより魅力的なJAに変身するためには、これまでのJAの事業のやり方や信用・共済事業に依存した経営収支構造を改めることが喫緊の課題」であるとして、内部の総合企画会議で生活事業、取り扱い品目全般について、①組合員・利用者のニーズ②市場競争力（価格競争力）③事業採算性、の視点から見直しを行った。

その結果、取り扱いを廃止する品目、継続する品目、展示会のあり方、新規事業開発などを決め、二〇〇二年度から順次実施に移されている。廃止すべき品目には、電器製品、家具、衛生用品・日用品、呉服・紳士服・婦人服、宝飾、寝具が挙げられている。そして、自動車・自動車修理工場、石油ガス、ギフト、家庭配置薬、介護用品、葬祭事業、食品、食材宅配事業などは取扱いを継続する。その他、組織購買品目については、組合員や利用者の意見を求め、コンセプトが明確な商品サービスを提供していく。展示会も組合員だけでなく、地域住民を意識した住民参加型のイベントとし、食・農・健康・環境をメインにした取り組みを行う、としている[17]。

このような生活事業での取扱い品目の整理、展示会の方向付けは、組合員の視点からは当然のことであるが、農協界ではこれまでタブー視されてきた。経営重視の声が常識論を封殺してきたからだ。しかし、このことが「農家のための農協ではなく、農協のための農協になっている」という農水省からの批判の一因になっている。

同農協では、今後の新規開発事業として、遊休不動産活用、営農支援サービス、ガーデニング、観光農園等の農業・自然との共生型事業、学童・若年層・高齢者向け事業、農産物販売・加工などの事業を挙げている。さらに、今後組織・事業・経営のすべてについて見直しを図っていくという。

農協が生活活動を展開するにあたっての留意点を挙げておこう。それは、農家の生活は農業生産と切り離せないということである。生活環境の改善は農協だけでなく地域全体で取り組めるし、生活の防衛は同じ協同組合の生協が担っている。しかし、生活のうち農業の生産に関わる部分は農協が担わなければならない。生活用品の共同購入、供給だけなら、農協がやらなければならないこと、農協だけができることとは言えない。農産物自給、農産加工、学校給食への取り組みなど地産地消、地域循環型農業に取り組むことが生産活動と関わる生活活動の今日的課題である。農協で生活活動を担当する職員の役割は重い。

［協同組合原則を日常業務の中へ］

ひとりでやってもできるが、共同して取り組んだ方が効果が上がるという協同活動を展開するためには、当然のことながら一定のルールが必要になる。イギリス・ロッチデールの公正先駆者組合の運営原則は、その後世界の協同組合原則としてその時々の状況に応じて改訂され、今日まで引き継がれてきている。

この原則はお題目として置いていくのではなく、農協の日常業務の中で消化、吸収されていかなければ意味がない。競争社会の中で、協同意識は自然に高まるはずはなく、創造して育てるものだと考えているが、組合運営を原則に忠実に、と心がけている組合がある。私の前著[18]でも紹介したが、徳島県牟岐東漁協がそれである。同漁協の総会資料の冒頭には「自らの組合に要求するよりも前に、自らの組合に対して何をなすべきかを考えよう。組合員と家族が一人で出来ることは一人でやろう。一人で出来ないことは仲間と協同してやろう。仲間と協同してもなおかつ出来ないことは専従者が受け持つ。協同組合は、自らの利益と幸せを求め、公正な社会の創造をめざす。したがって組織員一人ひとりの価値観と生き様の変革をめざそう。現在社会の不公正なるものに常に鋭い観察の眼を向け、旺盛なる批判精神を持って、強く抵抗していこう」と書かれている[19]。さらに、組合員の行動基準、組合員同志の約束ごと、役員・職員の行動基準を議案として提案し、総会の最初にそれぞれ確認している。これだけのことをしても、同漁協の最近の経営は厳しくなっている。

このような厳しさが農協全体に欠けているのではないか。組合員や多くの職員はこの協同組合原則があることすら知らされていない。

(7) ではこれからどうする

[出発点は組合員のニーズ]

これまで、農協とは何かを営農・生活・販売事業を中心に、現状をふまえて考えてきた。それでは農協はこれからどうしたらいいのだろうか。

このことについても、これまでに多くの研究成果があり、現場からの提言も多彩である。ここではその中から小野寺善幸氏の『JAの経済事業』(全国協同出版、一九九四)及び坂野百合勝氏の『新生JAの組織と運営』(日本経済評論社、二〇〇〇)から私の考えと一致する部分を引用する形で論を進めたい(煩わしくないように、ここでは脚注にせず、引用文の後にページを表記する)。

小野寺氏はJA経済事業見直しの勘どころとして次のことを挙げている。

「JAの出発点は、組合員農家(そのニーズないし利益)にある。ここにすべての論議の始まりを置かなければならない。金融(依存ないし重視)の立場からこの問題を眺めることは、明らかに間違っている」(一~二頁)。

「JA経済事業の現状についての素直で客観的な把握と、その実証的(科学的)な解析をすすめることである」(三頁)。

その上で小野寺氏は、過去の蓄積を活かし長所を伸ばすこと、フレームワークの構築、経済モデルへの適合、他の業種・業態との比較、制度的枠組みへの考慮、自前の技術（研究開発）戦略を持つこと、市場競争への適合などを検討している（三〜三〇頁）。そして物流戦略、情報武装、販売、購買の各部門について具体的に方向付けをし、自己完結力の強化、人材の確保・養成、連合会の機能整理、客観的に農協事業を判断するシンクタンクの設置を提唱している（二四四〜二五四頁）。

［農協の強さは結集度合に］

次に坂野氏の説を引く。

「協同組合の強さは、組合員の結集度合で決まる。その度合は、組合員の協同意識の水準に左右される」（六四頁）。

「協同意識は、共同体意識と違って、意図的に創造していく努力をしていかないかぎり、形成されるものではない。ここに、組合員教育活動の必要性が出てくる。（中略）協同組合は、一般の株式会社とは異なった原則でつくられているために、事業・運営において、当然に特色ある方法を用いなければならない。このことの理解を深めるためには教育活動を展開していかなければならない」（六五〜六五頁）。

「協同組合の強さは組織力資源をフルに活用することによってこそ、長期にわたって高い生産性と効率性を実現する経営を行うことにある。そのためには『組合員の結集力』の中にあるＪＡの強さを発揮するため、大規模化したＪＡにおける組合員の参加・参画のシステムづくりと、その運営能力を高めて行く工夫が必要である」（六九頁）。

「民主的運営の基本は、組合員一人ひとりのニーズ（不満）をより的確に把握することから始まる。（中略）『不満のなかに、重要な事業開発のヒントが隠されている』ことを踏まえ、……組合員の多様な不満（ニーズ）を……吸い上げるシステムを確立しなければならない」（七〇～七一頁）。

農協の強さは組合員の事業・活動への結集度で決まる。組合の主人公は組合員である。こうした指摘は当たり前のことであるが、農協という世界では当たり前が当たり前に通用しない。組合員の結集度を示す一つに、農産物の共販率がある。米が四九％、野菜が五八％、鶏卵が一一％など（二〇〇〇年、数量ベース、農水省資料）と生産物によって数値は違う。戦後の農協は、国の農産物価格支持政策によって大部分の農産物について集荷、選別、出荷等に独占的地位を保証されていたために、今日でも米などの共販率は高い。しかしそれでも年々低下してきている。その原因は、商社系の攻勢もあるが、農協の販売力が弱まっていることであり、生産者は農協へ出荷しなくとも高く販売できれば、農協出荷をしなくなっていくということである。共販率を農業粗生産額比で見ると全国平均で約五〇％、茨城では三〇％、同県内には一〇％台の農協もある。三分の一という数字では農産物販売の主導権は握れない。

農協が他の企業と決定的に違うのは、農協には組合員の組織活動、協同活動があるということであり、農協の優位性はそれしかない。農協はこれまで、組合員の協同活動という無償労働の出役で人件費を分担してきた。生協の班活動も同じであり、生協はその特性を活かすことによって急成長してきた。これを職員が担えば、コストは高くなる。「組合員の協同活動を基本に据えていないJAの事業と経営の成功は難しい」（七二頁）。「低コスト対策は組合員組織づくり」なのである。そして「活力ある組織運動をつくり上げていくためには、組織の構成員が活動や事業への参加意欲と利用意欲を高めてくれることが課題となる」（八三頁）。一般の企業が資本レベルでは低位にある農業という産業に襲いかかってきている現在、農協が自らの優位性である組織活動、協同活動を忘れてしまって、企業と同じレベル、土俵で競争していたのでは、始めから勝負あった、である。

［人のふり見て］

「人のふり見て我がふり直せ」という言葉がある。農協にも元気な農協が各地にあるにはあるが[20]、農協と比較すると市町村は元気である。ふるさと創生事業や一村一品運動だけでなく、全国に三千二百余ある市町村のどこでも一つや二つは何かを手がけている。

国と県、市町村は対等・協力の関係にある。それに対して農協は、全国連が本店、県連が支店、農協（単協）は出張所というのが実態ではないのか。JAバンクはその典型である。事業計画の立案を含め、多くのことについて農協は連合会の指示待ちである。もっと言えば、農協は連合会のノルマ達成のために存在する。そして広域合併すれば、ますます地域の独自性、個性は消えていく。

熊本県水俣市は言わずと知れた公害のまちだった。環境破壊、健康被害では世界に類を見ない経験をしている。その水俣は、今日では負の遺産をバネにごみ分別収集の徹底、ＩＳＯ１４００１の取得、環境テクノセンター、エコタウンなど経済の再建、新しい産業の創造に向かって環境モデル都市に変化した。

水俣市には多くの仕掛け人がいるが、中心となっているのが吉本哲郎氏である。地元学の提唱者でもある(21)。地元学とは文字通り地元から学ぶということで、基本となる地域資源マップづくりは自分の住んでいる地域の「お宝」探しから始まる。土や水、山林、そこに生息している動植物、建物、文化遺産、食事、産業などあらゆるものを調べ、写真に撮り、地図に書き込んでいく。その中から地域づくりに活かせるものを見つけ、誰が何をすればいいのかをみんなで考える。水俣では水を最初のテーマとした。

地元学はその後岩手、愛知、三重などに広がっている。地元学を食に応用している事例も報告されている(22)。

地域資源は水俣の例でも分かるように無尽蔵であり、まちづくりは地域資源の価値の発見から始まる。秋田県鷹巣町は日本一の福祉のまちと言われているが、住民がそれを支えている。同町でのいろいろなプロジェクトはすべて町民の発案でスタートする。茨城県東海村は原子力のまちとして知られているが、村の指針である総合計画を住民の手で作り上げた。

市町村と農協は管轄の地域があって成り立つし、合併でずれるところがあっても、おおむね重なりあう。従って、まちづくりの手法は農協づくりの手法に応用できる。住民主体、住民参加というやり方はそのまま組合員主体、組合員参加のやり方になる。また、まちづくり、むらおこしで有名なところは過疎地に多いというのも、農業もやり方次第だということの参考になるのではないか。

［直売所は何故伸びているか］

世の中にはいろいろなブームがある。現在では、その一つに農産物の直売所を挙げることができる。直売所の数は全国では一万五千から二万はあるだろうと言われている。一カ所あたりの平均の売上げは千五百万円から二千万円だそうだが、農協が運営している直売所の売上げは平均で一億円くらいになっているのではないか。中には五億円、十億円の実績を上げている直売所もある。全中の見通しでは、直売所の販売高は近い将来二千億円になるという。

直売所ブームの背景には、食と農の距離が際限なく拡大し、産地の実情も生産者の顔も分からないということがあるが、本質的には食の工業化への消費者の不安感の現れであると言える。昨今の食品偽装事件、農薬や添加物の不正使用事件などが拍車をかけてはいるが、これまでの大量生産、大量流通、大量消費という流れに一定の歯止めがかかり、安全・安心という食料が本来持つべき機能が見直されてきているということであろう。

今日の農産物の流通・消費構造から判断すれば、直売所のような流通形態が主流にはなりえないが、農協は直売所がブームになっている原因と結果を分析すれば、その地域で消費者が何を求めているか、生産者の手取りを増やしていくためには何をすればいいのかを検討していくいい材料になる。他でもやっているからとか、事業の停滞を直売所で盛り返そうなどと考えて取り組んだのではいい結果は生じない。既に各地で直売所同士の競争が激化し、外部からの仕入れに大方を頼っているような特徴のない店舗は売上げを落としている。

これからの農協活動をどう展開するか。それを解くための農業、農村のキーワードは、水、有機、自給、学校給食、後継者、定年帰農、高齢者、女性であると私は考えている。地域で、農協でどう取り組むかは条件がそれぞれ異なるので、全国一律の展開方法などありはしない。

(8) おわりに

現在、農協はこれまで頼みの綱としてきた政府から分割・解体を迫られ、農業・農村をターゲットとする企業からはあの手この手の攻勢をかけられている。ここで手をこまねいていたのでは農協はつぶされてしまう。そこで、これまでどこをどうすればいいのかを検討してきたが、つまるところ個性ある農協への脱皮が組合員と農産物の消費者である国民の支持を得られる道につながる唯一の道である、と言えよう。社会的に、即ち農民と国民にとって必要性がなくなった組織は滅ぶしかない。しかし現在、組合員のくらしと国民の食、さらに国土を守るために農協の果たすべきことは無限にある。日本農業を守り発展させることは全国民的課題であり、農民はいのちの根源である食糧の生産担当者であるからだ。ひいては国土の保全、環境破壊を防ぐことにもなる。今日、農協に代わる農民の全国組織はない。

最後に、そのために農協の常勤役員や幹部職員が現場でなすべきことの要点を改めて列記しておこう。

まず、情報を集める。組合員は何を望んでいるのか。内外の競争相手はどうか。消費者ニーズはどこに向かっているのか等々。事業センスを磨くことは当然のことである。集めた情報は整理して組合員に提供する。双方向のコミュニケーションが重要である。

次に、地域や組合員のくらしを見据えた農協の戦略・戦術を明らかにすることである。その際、組合員との意見の交流は不可欠の要素である。

その上で、協同活動は一人では出来ないのだから、自らも含め、組合員や職員の役割を決め、それぞれが力を存分に発揮できる参加型の運営方式を作り出し、決められたことを分担して行動に移していく。そうすれば、地域は確実に変わっていき、農協はよみがえる。

（1）河野直践『協同組合の時代』日本経済評論社、一九九四、二八頁。
（2）先﨑千尋「現場からの農協論」全国協同出版『農業協同組合経営実務』二〇〇一年四月～〇二年三月号。
（3）大内力「系統農協の本性とカジノ資本主義」大内力編集代表『不良債権問題と農協系統金融（日本農業年報43）』農林統計協会、一九九七、一三頁。住専問題と農協との関係、農協の本質、成立のいきさつ等については同じく大内力「農業協同組合を考える」『日本學士院紀要』第五十二巻第一号（一九九七）、が参考になる。
（4）藤澤光治訳注『21世紀の協同組合原則』全国協同出版、一九九五、七四頁。
（5）全国農協中央会「「農」と「共生」の世紀づくりに向けたJAグループの取組み」、全国農協中央会、二〇〇〇。
（6）全国農協中央会「JAの活動に関する全国一斉調査」（一九九九年十二月）によると、農協合併の成果の低いものとして、営農指導の強化、企画部門の強化、管理手法の高度化などが挙げられている。

（7） 山口一門『農協と営農指導を考える』全国農協中央会、一九八〇、八頁。
（8） みやぎ仙南農協は一九九八年の合併に際して『仙南地域農業の振興ビジョン―営農プラン』を策定し、二〇〇二年にはその後の環境の変化と組合員のアンケートをもとに生産者手取り最優先などを掲げた『営農Ｖプラン―いのちと環境を守る農業の里づくりをめざして』を策定した。
（9） 山口、前掲書、一七頁。
（10） 全国農協中央会「生活基本構想」、全国農協中央会、一九七〇、一〇～一一頁。
（11） 三輪昌男『農協改革の逆流と大道』農山漁村文化協会、二〇〇一、一一〇～一二五頁。
（12） みやぎ仙南農協、前掲「営農Ｖプラン」。
（13） 三輪、前掲書、一一六頁。
（14） 「自然と人間を結ぶ」編集部「ＪＡ甘楽富岡のＩＴ革命」、『自然と人間を結ぶ』一五七号、農山漁村文化協会、二〇〇〇、五頁。
（15） 同農協の活動内容は『自然と人間を結ぶ』一五七号、一六一号に詳しく紹介されている。また同農協の地域農業振興計画「ベジタブルランドかぶらの里」が参考になる。
（16） 三輪昌男氏は前掲書の中で、農協の生活活動の内容を生活指導、専門相談など九つに分類整理している（一四八～一四九頁）。
（17） 香川県農協「平成13年度ＪＡ香川県の活動報告」同農協、二〇〇二、一四～一五頁。
（18） 先﨑千尋『よみがえれ農協』全国協同出版、一九九一。
（19） 牟岐東漁協総会資料各年次「自治協同のあゆみ」から。
（20） 例えば、現代農業編集部「21世紀型農協」、『現代農業』増刊、農山漁村文化協会、一九九八。
（21） 吉本哲郎『わたしの地元学』ＮＥＣクリエイティブ、一九九五。
（22） 現代農業編集部「スローフードな日本！―地産地消・食の地元学」、『現代農業』増刊、農山漁村文化協会、二〇〇二。

（『鯉淵学園教育研究報告』第十九号、二〇〇三年三月）

農協よ、どこへ行く

先日、岩手県のSさんから、「農協は解体に向かって突き進んでいるのか。農協はどのようなドラマを作ろうとしているのか、教えて欲しい」という手紙をいただいた。彼は二十年近く前、三陸海岸にある農協の職員時代に「えっ、こんな人がいたっけ」と思うようなユニークな活動を展開し、『裁くのは待て』という本を書いた（日本経済評論社、一九八九）が、その直後にサッと辞め、現在は地方テレビの記者をしている。

手紙の中で彼は近くのS農協を例に挙げ、かつては全国に名を知られたその農協が今では見る影もないと嘆き、「巨大組織と恐れられていた農協組織は、フタを開けてみたらそれほどでもなかった。そこで、小泉改革をバックに、財界が冷酷に農協陣営にメスを入れてきているのではないか。ドラマ作りには、脚本家、俳優、舞台美術、衣装、照明、演出、監督などさまざまなスタッフが必要だが、農協はどうなっているのか」と問うてきたのだ。

井の中の蛙、岡目八目、専門馬鹿などという言葉がある。私は昨年、十三年振りに農協の現場に戻った。中にいると気が付かないことがよくあるが、逆に、中に入らないと分からないこともいろいろある、ということをこの頃感じている。

S農協と同様、今から二十年以上前に活発な活動をしていたE、T、A、Nなどの農協は既に消え去ったり、不祥事があったりし、まったく様替わりした。また、一緒に仕事をした人たちもほとんど舞台から姿を消してしまっている。そうした中で、私にとって松本ハイランド、みやぎ仙南、山武郡市などがかろうじて以前から付き合いのある農協である。

逆に、当時は知られていなかった農協が今は全国区になっており、浦島太郎の私には大いに刺激される存在である。

で、あの当時活発だった農協と今の全国区農協とどこが違うのだろうか。人は変わったのだろうか。それがSさんからの手紙で思いついたことの一つである。

産直のルーツS農協、農産加工、営農団地で名をはせたT農協などと現在八女、甘楽富岡農協などがやっていることはそんなに変わりはしない。しかし、やはりどこか違う。その違いが何なのか、私にはまだ整理が出来ていない。ただ言えることは、やはり組織は人、全国区と言える農協はそれなりの人がいて、運動があり、経営上もうまくいっている、ということだ。ブランド品も人が変わり、運動がなくなれば、ブランドでなくなってしまう。

現場に戻り、私が感じている最大のことは、農協が全体として大手町をピラミッドにした官僚主義がはびこり、自由闊達な議論がほとんどなくなってしまった、ということである。農協は前から経済役場と揶揄されてはいたが、これほどはひどくなかった。風通しが悪い組織は死滅するといわれているが、このままでは、Sさんが心配するように、農協は解体に向かって突き進んでいると考えざるをえない。藤谷築次氏は、農協陣営は環境変化への対応の立ち遅れがあり、原因の的確な見極めなしには状況打開の有効な方策を見つけられない、と指摘している（藤谷「JA運動の進路と対応戦略をめぐる諸問題」『農業と経済』〇四年七月号所載）。農協論を専門とする研究者が減り、大学での農協論の講座がほとんどなくなり、農協系のシンクタンクからも気の利いた提言が少ない。これでは農水省やマスコミ、財界からの一方的な攻勢に太刀打ち出来ないではないか。

一例を挙げると、最近、財界のシンクタンクである日本経済調査協議会は「農政の抜本改革」と題する報告書を出した。その中で農協に対しては「農協改革のキーワードは自立、単位農協の活動重視と組合員への情報開示の徹底は自立への第一歩」と書かれている。「大きなお世話、農協は人様からなんだかんだ言われなくてもきちんとやっていますよ」と言いたいが、残念ながら私もそうだと思う。これに対する全中の反論は目にしていない。

農協法改正案の国会での審議の中でも、全国各地の農協の不祥事、経営不振、情報隠蔽などが具体的に取り上げられ、議論されている。農協はウソをついてはいけない、と私は言っているが、毎日のように報道される各地の事例を見ると、現在の我が国の農協は協同組合以前の状態でしかない。小泉ソーリではないが、「人生いろいろ、農協もいろいろ」である。

情報開示といえば、前に二〇〇三年の農協大会議案の策定、審議状況に関して、密室状態だと指摘しておいた（拙稿「危機、されど盛り上がらず」本書五六～六三頁）。また全中の官僚主義について、ファーストフードという表現を例にとって批判した（「正直さが農協を支える―全国連に見る官僚化」本書二一～六頁収録）。予期はしていたが、なしのつぶて。最近でも、組合貿易の鹿児島産黒豚偽装事件、全農長野出荷の市田柿にねずみの糞が混入されていた事件などについて、全農が情報開示をしているとは到底思えない。これらのことについて先日、県連の総会を前に開かれた茨城県の理事長・組合長会議で全農いばらきに質したが、県レベルには当事者能力がなく、全農本部ははるかかなたの雲の上の存在。私たちは喧嘩もできない。

二〇〇三年の農協大会で農協は「組合員の負託に応える経済事業改革の実践」などを決議した。私は、農協が負託という言葉を使うのはおかしいと考え、組合員の期待に応える、と換えて使っているが、組合員から負託を受けたと考えるのであれば、なおのこと情報開示は大前提になるのではないか。面白いことに、最近全中が発行した『志せ、営農の復権』には、協同組合が負託という言葉を使うのはおかしい、という指摘がある（同書一六二頁以下）。

このように書くと、自分のところは棚に上げて、と言われるだろうし、いつまでも浦島太郎ではいられないので、私は所属する農協で、信頼、貢献、改革を旗印に掲げ、先進農協の経験を参考にしながら、農協ルネッサンスを成し遂げたい、と考えている。

（『にじ』〇四年夏季号、協同組合経営研究所）

常勤になって分かったこと

二〇〇三年六月に地元農協の常勤理事になった。農協現場を離れて十三年経っている。常勤になって分かったことがいろいろあるが、ここでは、農協の世界で何が喫緊の課緊なのか、気がついたことの中から述べてみよう。

今日、我が国の農協が抱えている問題は、農協が農協らしくなくなってしまった、組合員の期待に応えていないということである。周知のように、農協の組合員離れ、組合員の顧客化、経営第一主義など現象としていろいろ指摘されている。私に対して、農協は諸悪の根源と言われたこともあった。そしてその背景には広域合併が挙げられている。

しかし私は最近になって、農協が協同組合としての特質を喪失してしまっている真因をそのことに求めるのだけでいいのだろうか、と考えるようになった。

農協は教科書風に言えば、組織体、運動体、経営体の三つの側面を有していると言われてきた。また、藤谷築次氏流に言えば、我が国の農協は協同組合、行政補助機関、圧力団体の三面複合体であった。

現在では農協はもはや圧力団体とはいえず、行政補助機関としての役割も終わりを迎えつつある。

残った協同組合としての性格も最初に述べたようにあやふや、否、農協は協同組合ではないという研究者の指摘（大内力氏等）は以前から出されていた。

また不完全資本としての農協は絶えず資本に転化する危険性をはらんでいる、とも言われてきた。最近の農協大会の議案書を見ると、理念ではメシが食えないとする経営最優先の考えがすべてであり、市場原理主義の立場を色濃く出している農水省の路線に限りなく近づいていると言えるが、このことこそ農協は協同組合ではなく株式会社と同じ、すなわち資本そのものである、という根拠である。

さらに、全農への国からの度重なる業務改善命令、単協レベルでの偽装・不適正表示、産地偽装などからも、農協は協同組合ではなく、利益を追求する企業そのものに転化してしまったことが分かる。

そうなってしまった原因は何か。まず、広域合併がスタートではなく、ゴールになってしまっていることが挙げられる。いわば数合わせ。県レベルでいくつにするかだけにこだわり、中味をどうするかはなおざりにされてきた。その典型は最近の千葉で見られる。

私の農協は、五つの農協が合併し、組合員が約一万千五百人、職員が三百二十人の規模である。しかし実態は、五年経っても実質合併していない。この一年余、職員との意見交換会、営農経済センター立ち上げのプロジェクトでの作業、組合員との話し合いなどから分かったことは、職員が十人単位の規模の組織運営方法と百人単位の規模ではまったく違う、ということである。組合員組織の運営についても同じことが言える。トップマネジメント機能が確立されていない、と言える。どうすればいいかは自分で考えろ、と中央会は言う。しかし、農協に最も欠けているのは企画力。これまで行政や中央会、連合会の指示、指導で動き、自分で考え、行動しないできた農協が明日から自分でやって見ろ、と言われても即座に対応できない。

むろん、全国の農協の中にはきちんとした運営をしている所もある。先日、いずも農協でこれまでの取り組み、これからの進むべき道について勉強してきたが、四十年の積み重ねがあるから展望も拓ける、と重く受けとめた。その他にもおつきあいをさせてもらっているいくつかの農協の事例を見て、私の所ではすぐには真似ができないな、でもその壁を突破しなければならない、と思っている。

もう一つ問題だと感じることは、単協と連合会との関係である。その延長として、経営管理委員会制度は農協になじむのか、ということを指摘したい。我が県では、経済連と共済連が全国組織になってしまった。

多くの農協と同様に、我が農協も経済部門が赤字、三億円になる。それをゼロにするには大変な努力が必要だが、これまでに何度も購買事業の手数料率について県本部に掛け合ってきた。一般企業よりはるかに低い手数料率を引き上げない限り、経済部門は赤字という農協の体質は変わらないし、競争に打ち勝てない。配送コストの削減等では到底間に合わない。

しかし、この問題について農協大会議案も農水省の「農協のあり方についての研究会」報告もだんまり。知らないはずがないのにもかかわらず、である。県本部は問題の所在は分かっていても、当事者能力がないので、まともな対応ができない。私たちはさしあたって営農経済センターを発足させることなどで自助努力をしていくが、それだけで三億円の赤字を解消できるとは考えていない。連合会は誰のためにあるのか、である。

共済事業についても、外資系などとの競争が激化し、職員の「自爆」も増えている。これまでの推進の限界、短期商品への切り替え等が現場から悲鳴として出ているにもかかわらず、事態は一向に進展していない。

経営管理委員会制度が我が国の農協に導入されたのは、広域合併農協で経営に素人の組合員代表は経営者としてはふさわしくない、プロが経営にあたり、組織代表は別組織でコントロールすればよい、ということからである。この論理に一理あることは認めよう。しかし、この制度を導入したことにより、農協特に連合会が経営偏重になり、組織体、運動体としての性格をほぼ完全に捨ててしまった、と私は考えている。

情報によれば、農水省はすべての農協にこの制度を導入すべく、法改正を準備しているとか。職員あがりの理事（経営者）であれば、国や県のやり方に文句をつけないだろう、農協を完全に国の指導下に置けるようになる、と考えるのは下司の勘ぐりであろうか。そして、現実の経営管理委員会がどれだけ機能しているのか、私には知る術がない。

農協の運営、経営に劇薬は不要だ。足下を見、着実に歩むこと、それが私の責務である。

（『調査と情報』〇五年一月号、農林中金総合研究所）

第二章

農村、農協はいま

みやぎ仙南農協に注目——生産者の手取り最優先

何でもありの世の中

一ヶ月の間にいろいろなことが起きるものだとつくづく思う。雪印や全農だけで偽装問題は一段落だと思っていたら、今度は最大手の日本ハムが同じようなことをやっていたという。さらに、未登録農薬問題では、一部の農協が農家に販売していた。この問題は、今後どう展開していくか、まだ分からないが、食品の安全性を求める消費者の声はさらに高まり、うそ、ごまかしは通用しない、食品は安ければいいということではない、ということになるだろう。

恐らく、牛肉偽装表示問題よりも農協全体での広がりは大きく、果樹園芸農家が疑いの目で見られることになるかもしれない。農家レベルでも、いい加減なやり方では通用しない、生産履歴をきちんとしなければ出荷できない、ということになるのではないか。冷凍野菜の問題も、学校給食現場や外食産業への影響は大きいようだ。逆に、まじめ、正直な農家には追い風になろう。

農薬の次は東京電力の原子力発電所のトラブル隠し。危ない食品なら、食べないで済むが、電気の場合は逃げる訳にはいかない。近くに発電所がある人の不安は大変だと思う。国の責任も問われているが、今後の原子力行政の方向に影響しそうな気がする。

農協に対する風当たりも厳しくなってきた。農水省の発表によれば、総理大臣の指示によって今年度末までに農協改革の方向をとりまとめるのだそうだ。

国に言われてやるというのはどうかと思うが、ばれなければ済むという考えが生産現場に浸透していて、農協内部に自浄能力がないのならば、それも仕方がないことなのだろうか。全中はじめ全国連は「オレたちでやるから、国は農民の自主的な組織である農協のことに口出ししないでくれ」と、ここで啖呵のひとつくらい切れないものだろうか。

農水省のホームページによれば、「農業をめぐる情勢は大きく変化したが、農協は変わっていない。そのために、消費者の食の安心・安全の不安への対応が不十分。やる気のある農家の経営に十分役立っていない。企業家マインド（買うリスク、売るリスクへの意識）が乏しい。農家よりも『農協のための農協』となっている」など、農協に対して各方面から不満や批判があがっている。

こうした国民の声を農協改革に反映させ、消費者ニーズへの的確な対応、組織・事業の効率化・スリム化、アグリビジネスとの公平な競争条件の確立、補助金依存体質からの脱却などを図り、新たな農協への脱皮を目指す、としている。

では、農協がどうしてそうなっていったのかについて、国の責任も大いにありと私は考えているが、そのことはとりあえずここでは問わない。その代りに、最近見聞した、新しい農協に脱皮しようとして努力している宮城県のみやぎ仙南農協の事例を紹介する。

営農団地の優等生

同農協の地域は宮城県の南部に位置し、一九九八年に二市七町の七農協が合併して誕生した。この地域は蔵王山のふもとであり、経営耕地面積が県平均より少なく、また営農形態も米、野菜、果樹、工芸作物、養蚕、畜産などの作目が雑多に組み合わされていて、まとまった営農形態が確立されていなかった。このために広域営農団地を作ろうという動きが出てきて、もう四十年近くまえの一九六六年に仙南地区広域営農団地がスタートした。農協間協同であり、そのモデルとなったのは、茨城県石岡営農団地である。

仙南営農団地は生協などとの取引を強化するために、発足六年後に加工連を設立し、食肉加工施設を持った。この頃、構成農協の角田市農協と白石市農協が日本生協連に加盟したことが農協界で話題になったことを思い出す。「農協運動の場は事務所ではない。二人寄ったら農協を語ろう」という言葉も斬新だった。

この農協間協同、広域営農団地の発展形態として農協の合併が実現したのだが、合併にあたっては、二〇〇頁を超える「仙南地域農業の振興ビジョン―営農プラン」を策定している。そのサブテーマは「地域の特性を活かした多品目農業の展開」であり、地域、作目毎に振興戦略がまとめられている。

仙南農協がスタートしてどうなったか、営農プランが実行されているのか、その後私はずっと関心を持っていた。幸い、二〇〇二年になって二回訪れる機会があり、遠慮なしに私見も言わせていただいた。

どこでもそうだが、合併の実をあげるのは難しい。名目上合体はしているものの、合併した効果、メリットを出すには、役員と職員の大変な努力が必要不可欠である、と感じてきた。

ここでの問題点を挙げると、高位平準化という言葉があるが、役員、職員の考えは依然として旧農協時代のそれを引きずっていて、高位平準化になっていない、生産部会などの組織が大部分そのままになっている、従って合併効果があがっていない、などがある。

営農の復権を

同農協は二〇〇二年の総代会で「いのちと環境を守る農業の里づくりをめざして」と題する農業振興基本計画を決議した。その中で「販売体制が整っていない。まとまったブランドイメージが確立されていない。最終ユーザーまで情報の提供や収集を行い、価格に責任を持てる体制の確立が必要。食品加工業、外食・中食産業との提携が進展していない」などの課題・反省点を挙げている。そして全組合員のアンケート結果等をもとに、合併当初の営農プランを修正、営農の復権を掲げている。

組合員のアンケートでは、コスト削減、畜産の環境整備、安全性を重視した生産など多様な意見、要望が出されたが、農協に対して最も要望が多かったのは販売力の強化。これを受けて、計画では、生産者の手取り最優先を掲げ、作目を横断した販売専門部署を立ち上げ、市場調査に基づいた営農指導を徹底し、産直や量販店との相対取引の拡大を目指す、としている。

茨城大学の中島紀一教授は「農協の販売事業は、農家が生産したものを集荷・出荷するだけで、販売事業になっていない。価値主張の出来る農産物・商品づくりをし、独自の販売ルートを開拓、販売・営業業務を行うべきだ」と言っていたが、仙南農協の考えていることと共通している。そして、先の農水省の批判にも謙虚に耳を傾けなければと思う。

生産者、農協の職員が、作ったものを売る時代から売れるものを作る時代への意識転換を図らなければという同農協のアピールに期待し、今後の活動を注目して見ていきたい。

（『全酪新報』〇二年九月十日）

人材が必要な農業・農協——先駆的実践に学び事業改革を

JA-IT研究会とは

二〇〇三年十一月、高崎市で開かれたJA-IT研究会に参加した。この研究会は発足してわずか三年しか経たないが、参加農協の多くはこれまでに「農協運動の根本理念に立ち返り、新しい情勢に対応した新しい営農関連事業を創出することによって農協の運動と経営を再興する途を探りたい。先駆的実践を相互に学び、その先駆的実践をそれぞれの農協が置かれた地域的特殊性のフィルターを通して取り入れ、営農関連事業を主軸に地域づくりを行う」という設立の趣意を活かし、実績を残しつつある。

この会の代表は、農水省の「農協のあり方についての研究会」の座長を務めた今村奈良臣氏。氏はこの二十年、全国各地で農民塾を開いてきたが、このJA-IT研究会は農民塾の農協版、「農協革新塾」と銘打っている。

この研究会のテーマは「フード・フロム・JA―生産者と消費者を如何にコーディネートするか」。今村さんの基調講演に続き、パネルディスカッション、最近の流通事情報告などがあり、群馬県甘楽富岡農協を全国ブランドにした黒沢賢治さんの「量販店との商談の進め方」と、多彩なプログラムが組まれていた。それぞれが最先端を行く話だが、筆者の印象に残ったことを報告する。

日本農業は長男社会

今村さんの講演で面白かったのは、「日本の農業はずっと長男社会だった。次三男は都会に出ていった。長男は外へ一歩も踏み出せない守旧派。いやいや家を継いできた。農協の役員、職員も同じ。それに対して次三男は行動様式が改革派。何かを変えていく力がある。次三男は企業社会のことでもある。これまでの農村は家＝イエという単位で仕切ってきたが、これからはヒトという単位に組み変えていく必要があるのではないか。農家の世襲から、農業経営者という優れた職業の自己選択の方向へ意識改革を進めていく。財界などからの厳しい農業・農協批判は、兄貴達よ、何をぐずぐずしているんだ、というメッセージと受け取るべき」という話だった。社会の急速な変革に追いついていけない農村社会。土地、家、地域のしがらみなどさまざまな要因を、農家を継いだ人達はすぱっと断ち切ることは出来ないが、農のこれからを考える時、参考にすべき考え方だと思った。

そして、今村さんは続けて言う。農業ほど人材を必要とする産業はない、と。人材とは何か。企画力、情報力、技術力、管理力、組織力という五つの要素の総合力のことである。例えば企画力とは、種子を下ろす前に、売り先、売り方、売り場、売り値を考えること、技術力とは、伝統技術を身につけ、先端技術を常に勉強し、挑戦することをいう。私は、この人材の必要性は農協の役職員にそのまま当てはまることだし、今の農協に欠けている最大のものはそのことではないか、とずっと考えてきた。

今村さんは最後に、共益の追求を通じて、私益と公益の極大化を図ることを強調した。日本農業の特質は、水利権、入会権など資源を食いつぶさず、維持・管理・保全していくという共益の追求にあった。共益の追求は手段であり、目的は私益（農業生産者の所得、生活）の充実と公益（国民・消費者）の極大化にある。農協は、地域農業改革の司令塔になり、共益の実現に全力をあげなければ、組合員からも国民からも見放されてしまう。私たちに対する強烈なメッセージである。

量販店の一人勝ちと地域社会

そんなことも知らなかったのかと笑われるかもしれないが、西友フーズの社長だった橋本州弘さんの報告には驚いた。ウォルマートというアメリカの流通業社は今十カ国で四千四百の店舗を持ち、売上げは三十兆円、従業員は百三十万人だという。この数年で事業高を五倍に伸ばし、怪物的なグループになっている。その強みは、ソフトを含めて先端技術（ＩＴ）を整備し、世界中で均一化し標準化した商品を持ち、標準化した売り方を実践する中で、経費の節減を実現していることだという。ウォルマートは我が国にも進出してきている。

ウォルマートの創業者の「ビジネスを成功させるために」という十か条のパンフレットには、自分の事業にのめり込みなさい、あなたの利益を社員と分け合いなさい、パートナーとして扱いなさい、社員たちにできるだけすべてのことを知らせなさい、お客様の期待を越えてみせなさい、など、その通りだけれど、なかなか出来ないことが盛り込まれている。こうした基本的なことを日常業務の中できちんとやっているから、これだけの成長を遂げたのだろうし、私たちもその精神に学ぶ必要があると思う。

それにもかかわらず、この会社の農産物の扱い方はどうなっているのだろうか、我が国ではどう展開していくのだろうか、という疑問が頭をよぎった。農産物は工業製品ではない。今年の米に象徴されるように、まだまだ作柄は天気次第だ。契約をしても、その通りにはならないのだが、農産物も工業製品と同じという考えに陥ったから、偽装表示などの事件が起きたということを忘れてはなるまい。

かつてはどこの集落にも豆腐、醬油、駄菓子などを置く雑貨屋があり、日常生活にこと足りた。しかし次々に姿を消し、最近も駅前のミニスーパーが店をたたんだ。車を持たない年寄たちは、不便な世の中になったもんだ、とこぼしている。健全な生活を送れなくなった地域社会はいずれ崩壊する、と思う。農協はそれにどう応えられるのだろうか。

研究会の最後は、その量販店に地域の産物をまるごと売り込もうという手法を黒沢さんが披露してくれた。黒沢さんは、現在はＪＡ高崎ハムの常務理事。流通業界、消費者の変化に対応し、生産者の作りっぱなし、出荷しっぱなしから、売れる商品づくりを目指し、生産者は手取り最優先、農協は応益型手数料に転換しなければ、と説く。そして、産地間競争から産地間連携、農協間連携へ新たな農協運動をシフトしていくことが時代のニーズだと締めくくった。

この研究会では、協同組合原則や組合員の組織活動をどうするかなどの議論がなかったが、それはさておき、今の農協で必要なことは、横に手をつなぐこと。このような横断的な研究会で全国各地の事例を出し合い、自分の所では何が出来るかをつかんでいけば、面白い農協、組合員に役に立つ農協が増えていく。

（『全酪新報』〇三年十二月十日）

さんぶ二十一世紀農業ビジョン——画期的な地域づくり宣言

鳴り物入りのプレゼンテーション

千葉県山武郡市農協の下山久信さんから、農協で農業振興計画（さんぶ二十一世紀農業ビジョン）を作ったので、そのプレゼンテーションに出かけてきませんか、と誘いがあった。この計画の原案が出来た時に、私もコメントを求められていたが、プログラムには歌手の加藤登紀子さんの講演もあり、何よりも計画の中に「農のある地域づくり」が盛り込まれているというので、二〇〇三年十一月下旬に落花生の収穫が終わった東金市まで車を走らせた。

参加者は約千二百人。聞けば、管内の住民や消費者が主体で、農協組合員向けの説明会は既に終わっているとのこと。農協が計画を作ったからといって、これだけの人を集められるということだけで、圧倒されてしまう。

鳴り物入り、というけれど、本当に大太鼓のドーンという響きで幕開け。夫君の藤本敏夫さんの思い出をメインにした加藤登紀子さんの語りもよかったが、生産者や職員代表の元気な宣言文の朗読の声が耳に残っている。

「安全・安心な農産物はさんぶの大地から」というタイトルの計画書は、環境創造型農業宣言—

「おいしい」を食卓へ届けるために、と農のある地域づくり宣言—農を核とした暮らしやすい豊かな地域を目指して、の二部構成。

この計画策定にあたっては、今日ではもはや安全な農産物を生産するだけでは産地間競争に打ち勝てない、という下山さんたちの考え方が根底にある。計画づくりのコーディネーターの一人である茨城大学の中島紀一教授は、この計画の主旨を次のように語った。

これまでは売れる農業、もうかる農業を目指してきた。しかしこれからは値打ちのある農業を創っていかなければならない。それは農業と地域の原点に立ち返ることだ。農業の原点は自然であり、自然を活かし、自然を育てる農業にカジを切ろう。暮らしやすい地域には農がある。地域の暮らしによい農業、それは皆が力を出し合い、汗を流し合い、自然の恵みを生かすこと。それでこそ都市の消費者の支持も得られるし、経済としての農業も着実な発展を遂げられる。

環境創造型農業宣言

環境創造型農業宣言の前文は「これからは、産地の自然環境や作物の作り方そのものをアピールすることが大事です。農協組合員一人ひとりが自然環境の保全、そして食べ物の安全性の大切さを見つめ直し、それらを守るための行動を起していくことが求められています」と、その心意気を高らかに謳いあげている。そして、消費者の健康に配慮した品質の高い作物づくりに取り組む、地域の環境と調和した作物づくりに取り組む、地域の生活者とともに地産地消と自給の取り組みを推進する、食と農の文化的価値の理解を深める活動に取り組むなど十か条を掲げる。さらに、各項目の中で有機栽培農家の育成、地域内循環の推進、高品質産地づくり、マーケティングと商品開発、消費者と生産者の交流・提携などの具体策を提示している。この中には、在来種の発掘・保全、生産技術の高いベテラン農業者の組織化、学校給食栄養士会との連絡協議会開催などユニークなことも盛り込まれている。

農のある地域づくり宣言

山武の農業振興計画の際立った特徴は、「農のある地域づくり」を柱の一つに据えたことだ。これまでの農業関係の計画は農協だけでなく、行政の計画も農協の組合員や生産農家だけを対象にしてきた。この計画書ではこのことを反省して、農業は食べ物を作るだけでなく、食・環境・文化・教育などの生活と密接に結びついており、農業に携わる人だけでなく、農業や文化に関心を持つ人も農業関係者、と捉えている。そして「農協が農業を通じ、地域の人々の暮らしに役立つためにはどういう活動をしていくのか、農協は地域にどう貢献できるのか」という視点から「農のある地域づくり」宣言をまとめている。

宣言を実現するために、生産者と消費者を近づけ、互いに理解し合うための活動を行う、地域の食生活の向上に貢献できる農業を実践する、食農教育活動に取り組むなどを六か条にまとめ、地域の食文化の発掘・伝承、人材の掘り起こし、グリーンツーリズムへの取り組み、こだわり小グループの育成などを提案している。この中には、米や野菜を学校給食に供給する給食田、給食畑の設置、牛の乳絞り、垣根の手入れ、太巻きずし、竹ぼうきなどが出来る人を登録するなど、楽しくなる提案もある。

『全略新報』紙で前に紹介したことがあるが、東京都日野市、埼玉県宮代町などのように、都市化の進んだ地域で「農のあるまちづくり」、「農を活かしたまちづくり」に積極的に取り組んでいる。しかし、こうした行政側の計画に農協が深く関わったという話を私は耳にしていない。山武郡市農協は東金市など九市町村から成り、優良農業地帯、東京などへの通勤圏、九十九里海岸のリゾート地帯と多様な顔を持っている。それぞれの市町村と連携し、特徴のあるまちづくりを行政サイドでもまとめられると、なお効果が出るだろうと思う。

外部委員のコメントには、地域社会からあてにされ、なくてはならない農業・農協を、足下からの原点構築、地域と共生する農業・農協へ、などがあり、これまでの農協の殻を脱皮しようとしている同農協への期待がにじみ出ている。このビジョンの文言はこの日も壇上に上がった多くの若手職員が作り上げたものだという。これだけ大掛かりなプレゼンテーションを開いたのだから、もはや後戻りは出来まい。農協も宣言のしっぱなしではなく、宣言に盛り込まれた内容を行動に移すということを意思表示したものだろう。私は、この想いをきちんと受けとめている。そして新しい農のうねりが北総台地に起きていくことを期待する。

（『全略新報』〇四年一月十日）

いずも農協のすごい事例――良貨が悪貨を駆逐する

農協はなくてはならない存在

「農協はあなたにとってなくてはならない存在だと思いますか」。この問いかけに六割の組合員がイエスと答える。その反対の、農協がなくとも生活に困らないという組合員は残りの四割、ということになる。

このような農協が全国にどの位あるだろうか。おそらく、クミカン（組合勘定）に拘束される北海道の純農業地帯であれば、その比率はもっと高くなるかもしれない。しかしこれが兼業農家の比率が高く、市街地を広範に含む地域だとしたら、それはやはりすごい農協だと私は考える。

そのすごい農協・島根県いずも農協で神有月（と出雲では言う）に開かれた研究交流集会（地域社会研究センター主催）に参加した。同農協は出雲市、出雲大社のある大社町など六市町にまたがる広域合併農協。米、野菜、ぶどう、和牛など幅広い農業生産が営まれている。

しかし、何といってもこの農協を特徴づけているのは、生活福祉、相談活動などの多彩な生活活動であり、その拠点はラピタ（以前は生活センター）という超大型店舗。売り場面積が二千三百坪以上あり、他の店舗を含めると百二十億円の供給高がある。葬儀も管内の世帯の半分以上が農協を利用している、という。組合員は四万三千人で、農家はその三割、つまり農業協同組合でありながら地域協同組合でもある、ということである。職員数も千二百人近くいる。農家だけでなく、その地域に住む人達になくてはならない存在に農協はなっている。それが冒頭の問いかけの答えになっている、ということだ。

この集会のねらいは、徹底していずも農協が進めてきた農協運営に学ぶ、ということ。同農協のどこがすごいのかを集会での二つの報告に絞り、私の見方で整理してみたい。

地域協同組合の道

最初の課題提起で内田正二専務は、雪印食品の行動や相次ぐ全農系子会社の産地偽装を取り上げ、「協同組合理念でメシが食えるか」という経営優先の思想が正道を曲げてしまったとし、「協同組合は、人と人とのつながり、心と心のつながりが原点であり、組合員、役職員のボランティア精神、福祉の心、人権意識が危機を乗り切るカギである」と切り出した。そして、農協が行政、商工と対等に位置し、正組合員を主軸とし、准組合員、非組合員も分けへだてなく地域協同組合に結集することが重要であり、地域協同組合の思想をさらに協同組合運動に高めることが農協の信頼回復の道だ、と述べた。出雲市では行政、商工会、農協のトップが定例で朝食会を開いている、という。また、担い手支援、農地集積、利用調整、経営相談などを行政と農協がワンフロアで、つまり一緒に行っている。

以下は内田専務の課題提起から。

・農協の広域合併では合理化が前面に出され、本来の組合員重視から経営中心主義に偏り過ぎている。

・農協が農協であるための営農体制の根幹は、法人経営、個人経営を問わず、農業経営で収益が確保され、生活が確立すること。

・農協が農協である意味、意義を農家自身も忘れがち。農協主導型のやらされる農業から、農家が自分でやっているんだと認識の持てる農業振興が出来るか。

・専業的担い手だけが担い手にあらず。専業的担い手（個別経営体）と集落営農組織（組織経営体）の育成を切り離して考えるのではなく、それぞれの果たす役割を明確にし、有機的に結合させ、総合的に地域の担い手対策を実施していく。

・農協は経営指導員の育成が急務。

・二十一世紀は地域の時代。環境、食糧、教育、文化、人権問題等で協同組合の真価が問われる時、原動力になるのは女性の行動。

・協同組合の役割は、環境、食糧、福祉等で協同精神の醸成にあり、その担い手として女性の果たす役割は重要。

・市場経済は、強者は生き残り、弱者は去るのみの仕組みだが、協同組合の使命は、地域住民と共に組合員の生活をどこまで守りきることが出来るかにかかっている。

・農協における今日の最大の課題は、組合員、役員、職員の意識が協同組合を組織する基本から離れつつあること。
・協同組合は、組合員自らの力と責任で活動する組合員のための組織であり、その仕組みは組合員の主体的な参加・参画による民主的運営を基本としている。
・広域合併が進む中では、職員の人事管理が農協改革のポイント。上からの命令方式から職員自らが提言、行動する方式に切り換え、安定志向から改革・変革志向に職員の意識を変えることが危機突破の糸口になる。

内田専務は課題提起の最後に「事業展開に心があるかないかがキーワードであり、危機を乗り切るカギは心にある」と結んだ。

組合員は顧客ではない

研究集会の二番手は、松田総合企画室長の「協同組合理念にもとづく農協の事業展開と組織運営」という報告。同農協の中堅職員が一年半かけてまとめた役職員用のテキストが話の中心だった。同農協ですら職員が組合員をお客さん、農家さんと呼び、組合員も農協を「ＪＡさん」といい、利用可能な企業の一つとして考えるようになっている。

これではいけないと、農協の各種事業や運営に組合員がどう参加・参画していくかを協同組合理念との関わりで整理したものがこのテキストだ。

戦後の農協は良くも悪くも食管制度に支えられてきた。米の増産が叫ばれていた時代は、良質米づくりと米価運動という全国共通の目標があった。しかし、食管制度が廃止され、米は自由化され、米価運動は影をひそめ、組合員に共通した運動目標が消えてしまった。

さらに、すべての事業で他の企業との競争が激しくなり、組合員を顧客化する傾向がますます強くなってきた。その上、戦後世代を担った組合員がリタイアし、「組合員の農協離れ」になっている。

このまま放置しておけば、農協は組合員から見離されてしまう。いずも農協としては、組合員を顧客としてしか見ない路線から決別して、地域協同組合として、協同組合理念にもとづく事業と組織運営を展開していこう、とこのテキストで宣言している。それを前提に、販売、購買、信用、共済の各事業、組織運営の進め方を方向づけし、組合員、総代、役員、職員の役割を整理している。この中に、「役職員は、組合員が行う協同組合活動を活性化させる仕掛け人、プロデューサーであるべきで、主役は組合員。役員と職員とがすべてを請け負って仕事をすれば、組合員の結集力が弱まり、経営困難な事態になる」という指摘がある。仕事を請け負えば、組合員と職員との関係が一対一になってしまいがちである。

では、仕掛け人に求められる任務・能力とはどんなことか。テキストには「組合員組織活動のコーディネーターとして、プランナー（企画担当）、組織経営管理者、オルガナイザー（組織者）の能力が必要。関係する業務のプロとしてアドバイザー（助言者）の能力があれば有益である」、とある。おそらく、現在の農協陣営でもっとも欠けていることがこのことであろう、と私は考えている。

同農協は第一次合併から四十年経っている。組合員も職員も代替わりしている。集会での報告を聞き、現場を見せてもらう中で、ここで改めて協同組合とは何かを問いかけ、次のステップへ進もう、という意気込みが強く感じられた。一般には、悪貨が良貨を駆逐すると言われているが、ここでは良貨が悪貨を駆逐する体制になっている。

（『全酪新報』〇四年十二月十日）

宮城登米農協の実践――赤とんぼが乱舞する地域に

農協は四面楚歌の状況

「農協は今や滅びるべき恐竜の如き存在と思っていた」。つい最近、IT関連の社長を辞めた大学の先輩と歓談した折、そう言われた。前には山形県の漬物屋の社長から「農協は諸悪の根源」と言われたこともあった。

確かに、今農協は、政府、財界、マスコミから袋叩きにされている。それだけでなく、農協が頼みの綱と思ってきた生協からも三行半（みくだりはん）を付きつけられている。まさに外堀を埋められ、内堀にまで手がかかった四面楚歌の状況にある。それでいて、農協総体としてはどうしていいのか分からず、体に毒が回っているというのに、身悶えさえもしないでいる。

だが、これまでに『全酪新報』紙で紹介してきたように、全国各地には「流れに抗して」（？）まともな運営、経営をしている農協もある。ここでは最近視察に伺った宮城登米農協の事例を紹介する。

登米農協の北隣りはもう岩手県。管内には、ラムサール条約指定地域になっている伊豆沼、内沼があり、冬にはここに白鳥や鴨、雁などが多く飛来している。

同農協は、一九九八年に、当時登米郡（現在は登米市）内の八農協が合併した大型農協で、組合員は一万七千人を超える。北上川と迫川が流れ、県内では最大の年間七十五万俵の米を集荷する。農産物取扱高は、米と畜産が中心で、園芸を加えて昨年度は百九十億円。宮城県では最大規模である。

環境保全米の取り組み

同農協が変わる節目は、組合長に阿部長壽さん（元宮城県農協中央会参事）が就任した二〇〇二年。この年の秋、阿部組合長は職員にこう宣言する。「管内すべて減農薬、減化学肥料の『環境保全米』にする。赤とんぼが乱舞する地域に復活させよう」。職員も組合員もこれに猛反発した。「収量が減る。できっこない」「大混乱を招く」「病気が発生したら誰が責任をとるのか」「農協の肥料・農薬が売れなくなる」等々。化学肥料と農薬を中心とした「近代化農法」しか知らない営農指導員が反発するのはむしろ当然のことだった。組合長は二百六十人の営農指導員と何度も何度も話し合いを持ち、最後は業務命令だと押し切った、という。

最初の年は一千ヘクタールでスタート。たまたまこの年は大冷害に遭った。環境保全米は被害が少なく、農家も農協職員も理屈ではなく「環境保全米でいける」という自信を持った。昨年は六千ヘクタールへと一挙に六倍に、今年はさらに増え、環境保全米の作付は七千八百ヘクタールと、管内水田の四分の三を超すまでになっている。

同農協の環境保全米のねらいは、農地と環境を守る、安全性の追求、経済性の追及の三つ。このうち経済性では、取引先の評価が高く、完売すなわち作って売れる米になっている。ＪＡＳ認証を受けている有機米は農協段階では全国トップの生産量だという。

では、環境保全米に農協が取り組んだ成果はどうか。まず、米作りの考え方が組合員も農協職員も変わり、自信がついた。同時に、組合員の農協への結集度が強まった。さらに、農協の体制が変わり、農業機関・団体の意思統一が進み、合併した登米市の指定金融機関になった。農協への信頼度が行政にまで認められたということであろう。

では、米を中心にした同農協の「経済事業改革」のバックにあるものは何か。

阿部組合長は、農業が衰退し、組合員農家の農協離れが進んでいる原因に、農協運動の理念喪失、農協運動の風化を挙げておられる。組合員が自らの組織である農協に結集せず、協同組合を何故組織したのか、何のためにあるのかという意識が低くなっていけば、農協は消滅してしまう、という危機意識である。

そうなった原因は、農協の経営第一主義の事業論にある。農協の生き残りをかけ広域合併したが、その過程で農協の原点であった「農協運動」が消えてしまった。農協の営農指導は、生産調整など国の農政の下請け事業に振り回され、本来の営農指導が形骸化してしまっている。今後、米政策が「官から民へ」移されれば、その流れは加速すると思われる。

家族農業を基盤に

阿部組合長の説く農協運動の理念は次の三つに整理される。①農協改革は、農協運動を再活性化する中で取り組む②農協運動の本質は、家族経営農業を機軸とする地域農業改革である③農協事業の本命は、営農・経済事業であり、信用・共済事業と逆であってはならない。

農協の置かれている危機的状況を乗り越えるためには、農業協同組合とは何かという原点に立ち返り、農協運動を再構築することしかない、ということである。

そのうえで、国の食料・農業・農村基本計画の問題点として、「担い手の選別政策はわが国の農村・農業の崩壊を加速する。兼業農家が離農したら国の自給率は一層低下する。農業は産業である前に農業である。むら（集落）と農業は切り離すことはできない。集落組織は農家の母体組織であり、農協運動の基礎組織である。農村は、国民にとって切り離すことのできない環境・空間であり、かけがえのない公共財である。認定農業者も兼業農家も手を携えて農業本来のあり方を取り戻していく。集落営農は、その条件整備である。集落営農には、法人化は必要条件ではない」と主張し、国の方針を強く批判する。

阿部組合長の考えを要約すれば、「家族農業を基盤にした組織力を活かした地域づくり」である。「組合員をないがしろにした農協運動はありえない。昔から日本農業の根本は家族単位であり、それで経営が成り立つようになっていた。それを助けるのが集落であり、さらに効率化を図るために農業協同組合を作った。このことを皆忘れてしまっている」。

このような宮城登米農協の取り組みを大金義昭さん（家の光協会職員）は近著『優れたトップダウンがＪＡを救う！』（全国協同出版、二〇〇五）の中で、優れたトップダウンが農協を変えていく典型の一つとして紹介している。大金さんは同書で「いま、農協に求められているのは、トップダウン。優れたトップダウンなくして、変革期の組織・事業・経営は生き残れない。役職員がみずから変わらなければ、組織・事業・経営は良くならない。わけてもトップの責任は重大。トップの能力や人格を、組織、事業、経営は容易に超えられないから」と語っている。

宮城登米農協の新たな試みから、今後の地域農業のあり方、農協運動のあり方が見えてくるのではないかと思いながら、農協をあとにした。

（『全酪新報』〇五年十月十日）

第三章　農政の転換と鋭くなった農協批判の矢

米政策の大転換と国の本質——「百姓を生かさず殺す」農政

逃げる農水省追う農協

二〇〇二年十二月三日、農水省は我が国の米政策の大転換を方向付ける「米政策改革大綱」を決めた。その内容は既に報道されている通り、二〇〇八年度に農業者・農業者団体が主体の生産調整に転換、国の役割は大幅に後退、流通改革はできるものから早期に実施、など。消費者重視、市場重視に傾斜した方向転換、と評されている。

私は今回の一連の動きを「逃げる農水省、追いかける農協」と見てきた。国が逃げ切ったかどうかは今の時点ではまだ分からない。しかし、私はこの問題を、米が余っているからとか、米価が下がっているからとかの現象面から捉え、方向付けをすることは国家百年の大計を誤ることになる、と考えている。

国とは何なのだろうか。国の役割には何があるのだろうか。国民と国家との関係はどうあるべきなのか。このことが議論の出発点にならなければおかしいのではないか。私はそう考えている。

国とは、簡単に言えば、一定の領土があり、住む人がいて、治める権力がある、ということだ。

統治する権力は、そこで生活する人が平和で安心して暮らせる状態を維持していかなければならない。もし、その状態が続かなければ、クーデターが起きたり、政権の交代がある。

その国の人が安心して暮らせる条件は、時代によって変わる。例えば、教育や福祉などは国民の生活にとって大事な要素だが、明治時代と今日ではその中味はかなり違う。

食料自給が国の責務

変わらないものもある。その筆頭が食料である。自分のいのちは自分で守るんだといっても、三度三度の食事がままならない状態では、その国では安心して暮らしていけない。そしてこの地球上にはそういう不安定な国がかなりある。今日でも餓死する人、飢餓線上にある人は数え切れない。

徳川時代には、領民は食えなければ一揆を起した。また今日につながる国の米政策の起点は、一九一八（大正七）年に富山県魚津から起きた米騒動だった。この事件は、米価の高騰のために生活難に苦しんだ大衆が米の廉売を要求して、米屋、富豪邸、警察などを襲撃し、軍隊が鎮圧に出動したというものだった。

第二次世界大戦の時に、七つの海を支配していたイギリスは、自国内の農業生産量が少なく、海外からの食料が入ってこないため、国民は塗炭の苦しみを味わい、それを教訓として戦後、食料自給率の向上を国是とし、今では穀物自給率は一〇〇%を超えている。山岳地帯を抱えるスイスですら穀物自給率は六八%、農業保護を憲法でうたっている。

この二つの事例から分かるように、国家は国民の生命と財産を守ることが最低の条件であり、食料供給は生命を守り、維持していくための最も重要な役割である。その役割を国が忘れてしまったために、この国ではBSE問題に端を発する一連の食品問題が発生した。

では何故我が国で米が余るようになったのか。

その発端は戦後の食糧難の時、学校給食にコッペパンと脱脂粉乳が入ったことにある、と私は見ている。戦後の学校給食の再開にあたり、連合軍総司令部は「米食偏重の食生活を改めさせる」という指示を出したし、アメリカ合衆国の余剰農産物処理法は、同国の農産物の外国での消費を増大させることが目的だった。

このような意図のもとに、この国の学校給食は、輸入されたアメリカの小麦や脱脂粉乳の普及宣伝の場となってしまったのだ。「ただより高いものはない」。日本の主食はこれをきっかけとしてごはんからパンへ徐々に変化し、副食もそれに連動していくことになる。「三つ子の魂百までも」のことわざのように、子供の時の食べものがその人の一生の食生活を規定する。「米を食べるとバカになる」という言葉がまことしやかに流行ったことも思い起こされる。

こうなってしまってはこの国はもう後戻りはできない。食糧は最大の戦略武器であるとするならば、大戦後のアメリカ合衆国のねらいは五十年たった今日ずばり当たった、と言えるのではないか。

米が余っているというのに、ガット・ウルグァイ合意で国内消費量の五％の輸入を認めさせられ、今度は生産流通を市場原理に委ね、国は食料行政の現場から手を引く。なるほど食料・農業・農村基本法には「良質な食料が合理的な価格で安定的に供給されなければならない。供給については、国内の農業生産と輸入、備蓄を適切に組み合わせて行う」と書いてある。

困るのは米専業農家

自給率は表向きは四〇％から四五％に向上させたいが、実際には生産は農業者や産地が自らの判断で、流通は需要動向に応じて、価格は市場原理で合理的に、国内生産で賄えなければ輸入で、というう国のねらいは、今回の米の生産調整から撤退するという方針でさらに徹底するのだろうが、依然として国の役割は何かという本質論は見えてこない。

毎年三千億円もの税金を減反に投入しながら、農業の構造改革が進んでいないという財政サイドの考えも伝わってくるが、木を見て森を見ない議論でしかない。

では、現場は今後どうなるのだろうか。まだだれも的確な見通しを立てられないと思うが、これまでなかば強制だった減反割り当てがなくなれば、まず生産量は増大する。多くの地域では、米の代わりに作るものがないのだ。そうなれば当然価格は下がる。

価格が下がって一番困るのは、米専業の自立経営農家だ。「水田農業・米経済に携わる人々の創意と工夫を引き出し」てと、生産調整に関する研究会報告には農家に今後を委ねる書き方があるが、個人や地域のグループ、農協に丸投げして解決できるなら、事態はこれまでに至らなかった。「これまでの農政は、百姓は生かさず殺さずだったが、これからは百姓を生かさず殺す、になる」という知り合いの米専業農家の悲鳴はどこで誰が救うのか。

米価が下がって国民の暮らしは良くなるのだろうか。それは、百円ショップの繁栄ぶりが象徴しているように思う。外国で生産された安い製品に引かれ、買いに行くが、その分国内の生産が減り、自分の首を切ることにつながるということをリストラの対象になった時に分かる。しかしその時にはもう遅い。高校生が就職できないでいるのも、働く場が失われているからだ。

（『全略新報』〇二年十二月十日）

農地制度見直しの動きと問題点——耕作者主義には明確なビジョンが必要

農業にとって土地とは

さきに、農水省の米政策転換について検討した（二〇〇～二〇四頁）。ここでは土地制度の見直しの動きについて考えて見る。米は我が国では主食である。農業生産上、また国民の家計支出面で米の比重は下がったとはいえ、米をどうするか、どう扱うかは今日でも農政の根幹である。その米や野菜、果物、畜産物を含めてすべての農産物生産の基礎になるのは土地である。その土地を誰がどう所有し、利用するかという土地制度のあり方は、そこで生産された米などの農産物をどうするかということの前提となる。

戦後の民主化改革から五十年余。良かれと考えて発足した制度はだんだんにほころびを見せ、少しずつ変化していく。その制度を担保する法律は、一部を改正し、それで済まなくなれば新しい法律に生まれ変わる。食糧管理法がそうだったし、農業基本法もそういう運命をたどった。では、土地制度はどうなのか。

その前に、農業にとって土地とは何なのか。現在の制度の根幹とは何か。まず、そのことから考えていく。

人間にとっての土地とは、生存の基盤であり、移動も再生産も不可能な財である。しかも有限である。利用形態も、農業用、宅地、工業用地、商業地、道路など多様であり、競合することも多い。原生林ならともかく、いずれの用途の土地でも、人が何らかの手を加えている。

では、農業用の土地と他の用途の土地との違いはあるのか。明らかに違うのは、農業は人が土地に直接働きかけ、その力により物を生産するということである。工業や商業も土地がなければ成り立たないが、人や物の動きに大きく左右され、その場所で都合が悪ければ、移動は自由である。しばしば見られるように、工場やコンビニ、食堂などは儲からなければ閉鎖、閉店してしまう。しかし農業はその土地に強く制約される。

戦後の我が国の農地制度は自作農創設を目的にした農地改革に規定され、その考え方は、農地を耕作する者に対して農地を売ったり買ったりする権利の取得を認める、自ら耕作する者のみが農業経営者である、という耕作者主義を採っている。

相次ぐ農水省のしかけ

二〇〇二年、農水省はこの農地法の耕作者主義に穴を開けよう、と矢継ぎ早にしかけをしてきた。小泉総理の指示事項である「聖域なき構造改革」、規制緩和を進めるために、「食」と「農」の再生プランなどで土地利用規制法の見直し、企業的農業経営が展開するための制度改革が目標に掲げられた。そして農水省の有識者懇談会では株式会社の農業参入、農への参入に対する障壁の除去、法律による規制から市町村条例への移行などが議論され、二〇〇二年暮に報告をまとめた。

この報告では、耕作者主義について撤廃を含め見直すべきという意見と維持すべきという意見、一般企業の農地取得について賛否両論が併記されており、農水省が当初目論んでいた通常国会での農地法の大幅改正はひとまず見送られた。一方、構造改革特区では二〇〇四年四月から株式会社、NPO法人などが市町村、農地保有合理化法人から農地を借りて農業経営を行えるようになる。同省では今後、現行制度の問題点を整理し、研究者や関係者らによる本格論議につないでいくとしている。

それでは、この農地制度をめぐる論議の焦点は何か。農水省のしかけの根幹は、株式会社一般が自由に農地を取得できるようにするために、現行農地法が堅持している耕作者主義を放棄せよ、ということにある。

これに対して全国農業会議所は、規制緩和や地方分権の観点から農地制度を見直すことは、地域の土地利用のみならず、農村社会を混乱させ、農地の無法地帯を生み出す恐れがあり、将来に大きな禍根を残すことになると懸念を表明し、株式会社の農業参入、市町村条例が農地法等に優先することの二点について農水大臣に申し入れを行った。

農業に株式会社が参入することの是非はいろいろな場で議論されてきたので、ここでは同じことを繰り返さない。問題点だけを指摘しておきたい。

企業参入は別の意図

株式会社は利潤追及が目的であり、利益配当の見通しなしにリスクを負担する投資家はないし、現在の状況で農業生産による利益配分など期待できない。世界を見渡しても、土地条件、社会的制約を強く受ける農業部門で資本家的農業経営が広く営まれている国は極めて少ない。

そうした中で、農業に資本投下を本気でしようと考える企業があるだろうか。別の意図すなわち土地投機がねらいなのではないか。そう疑わざるをえない。優良農地は同時に優良宅地や工場団地になる。山間部なら廃棄物処理場やごみ捨て場になる。その例はあちこちに沢山あり、社会的な問題になっている。以前にも、土地ブームの時にゴルフ場開発が広範囲に行われ、山林や付近の農地が買われた。その土地が虫食い状態で放置されたままになり、困っている所がこの近くにもかなり見られる。

私たちは、日本ハムの牛肉偽装事件、東京電力の原発トラブル隠し、データ捏造事件などに見られるように、例え優良企業であっても、もうけのためなら人命にかかわることでもやるというのが株式会社である、という直近の教訓を忘れてはなるまい。

さらに、我が国の農地は水利用、農道管理など地域の管理によって保持されてきた。企業の農業への参入は、こうした地域の土地利用秩序の分断、水利秩序の破壊を引き起こし、地域農業の混乱、衰退を招き、担い手農家が脱落し、ひいては地域社会の崩壊につながる。そうなれば、農の多面的機能の発揮など期待できるはずもない。

そうは言っても、耕作放棄地は年々増え、全国では今や北海道の農地面積に匹敵する。また、転用目的の売買、公共用地の買収をこころ待ちにしている農家があることも現実である。

ではどうするか。

基本的には農業で食べられる、生活できるというシステムを作ればいいことなのだが、市場原理を掲げるこの国にそんなことを言っても通用しない。私は、熊本県水俣市、埼玉県宮代町や静岡県掛川市、東京都日野市などのように、それぞれの自治体が農地をどう守るのかのビジョンをはっきりと打ち出し、市町村独自のまちづくりを住民参加、情報公開の中で進めていくことが大事な作業だと考えている。人任せにしないやり方を取っている自治体は回りに結構あるものなのだ。

（『全略新報』〇三年一月十日）

三輪昌男さん逝く――農協への熱い想いを抱いて

農協は毅然とした対処を

協同組合研究の重鎮である三輪昌男さんが二〇〇三年二月に亡くなった。享年七十六歳。私は三輪さんと面識はないが、三輪さんの協同組合、特に農協にかける想いのたけを私なりに読み取り、読者各位にお届けしたい。取り上げる著作、論文は『農協改革の逆流と大道』（前掲、以下著作）と「役所による『農協改革の促進』について思うこと」（『協同組合経営研究所研究月報』二〇〇三年一月号、以下論文）の二つである。論文は、農水省の異常な農協改革の動きに農協は毅然とした対処をすべし、と血を吐くような鋭い舌鋒で我々に迫っている。今となっては、三輪さんが農協陣営に残した遺書なのだと私は受けとめている。その遺書、三輪さんの、農協よこれでいいのか、という熱い想いを農協関係者で共有したい。

三輪さんの論文要旨は次のようなことである（表現は原文のまま）。

農水省は、二〇〇一年六月に営農指導を農協の第一の事業とする農協改革二法を成立させた。それから間もないのに、農協改革とはどういうことか。小泉構造改革に対応する路線を打ち出そうという動機であろうが、不明朗である。

農協は民間の組織である。民主主義社会での役所の農協への対応のあり方の基本は、農協の自主性の尊重。農協は、農協改革の自主的な努力を行っており、それと関係なく農水省は農協のあり方研究会を組織し、その結論を農協に押し付けようとしている。不当な干渉である。現在の国と農協との関係は、保護者と被保護者、指導者と被指導者、主人と下僕、親分と子分、になっている。

小泉構造改革の金看板は、民営化・規制緩和の徹底、即ち、市場原理主義、経済効率一辺倒である。農協にあてはめれば、株式会社化せよ、競争条件公平化のために独占禁止法の適応除外を見直せ、になる。

このような国の動きに対して農協はどう対処すべきか。三輪さんは次のように説く。

役所の今の動きは異常であると受け止めること。反省はあとにすること。

自信を持って毅然とした対処をすること。役所は農協の問題点だけを並べ立てているが、農協はメリットをたくさん持っている。

改革は農協が自分でやること。役所の異常な干渉を跳ねかえす。役所の検討が参考になるとは微塵も思ってはならない。

農協へは追い風が

これをどう跳ねかえすか。

役所の今回の動きの不明朗さを追及すること。

不当な干渉であることを指摘して、反撃に移ること。経済効率視点と競争条件公平視点に焦点を当てること。

理論武装と実証の態勢を固めること。強きを助け弱きをくじくという競争礼賛（市場原理主義）の理論は破綻し、競争で失われた人間性の回復を求める価値観が強まっている。人間性の尊重を基本理念とする協同組合は、重要な存在意義を持っている。農協への追い風が吹いている。

政府と農協との関係について、三輪さんは既に著作の中で、政府の考え方は「猛烈な権力主義、権威主義であり、中央集権・指令型・計画経済に似た発想である」と喝破している。

それに対して農協はどう対処すべきか。三輪さんはICAの協同組合原則を引き、この原則に照らして、農協系統の現状に問題はないのだろうか、と疑問を投げかけている。

「第四原則　自治と自立　協同組合は、組合員が管理する自治的な自助組織である。協同組合は、政府を含む他の組織と取り決めを行う場合、または外部から資本を調達する場合には、組合員による民主的管理を保証し、協同組合の自治を保持する条件のもとで行う」。

三輪さん自身は今後の農協改革の方向として、分権とネットワーク化、すみわけの競争による活力回復を提言、全国段階の組織は指揮から調整へ、即ち、単一の全国方針の策定ではなく、各地域の個性的努力の尊重、経験交流、それを踏まえた進路選択肢の整理に切り替えることを提唱している。

このような三輪さんの考え方に対して、農協は前身の産業組合以来、国の下部機関として位置付けられてきたので、いまさら「不当な干渉」とか「毅然とした対応を」と言ってみたところで、茶番でしかない、今の農協はそんなことが出来るはずもなく、やるはずもない、という考え方もある。わが国の農協は協同組合とは言えない、行政機関の一部という研究者は多く、その点では何をいまさら、であろう。

そして現実にも、「農水省のあり方についての研究会」にその都度全中や全農の役員などが呼ばれて、農協は改革をきちんとやっている、という釈明に追われている。国の向こうを張って独自に研究会を組織するだけの器量、度量もない。今秋開かれる農協大会の議案づくりが進んでいると聞くが、密室での作業であり、我々は窺い知ることが出来ない。その点、あり方研究会は議事録まで公開されている。

三輪さんだって、そのあたりの事情は百も承知、でも黙ってはいられない、ということだったのではないか、と私は推測する。著作では、冒頭で農協論壇に元気がないこと、農協研究が低調であることを憂いている。

国と農協との関係と同様のことが国と地方自治体との関係でも言える。都道府県や市町村はこれまで国の下部機関だった。しかし四年前の地方分権一括法の成立によって、国と市町村は上下・主従から対等・協力の関係に変わった。制度が変わったからといって、全国一斉に役場職員、議員、住民の考え方が一度に変わるということはないが、今回の合併への動きや環境、農業施策など多くの地域で独自の取り組みが増えてきているのは確かだ。

三輪さんの指摘する政府の考え方、権力主義、権威主義、中央集権・指令型というのは今の全中や全農にもあてはまりそうだ。同じ発想で国とぶつかったのではまず勝てない。これも三輪さんの言う分権と横に手をつなぐネットワーク化に私は大賛成である。

三輪さんのご冥福を祈る。

（『全酪新報』〇三年三月十日）

だから言ったではないか――食料輸入と食の安全・安心

動物の復讐が始まった

「だから言ったではないか」。このせりふを使うことはしたくはなかった。しかし、今は使わざるを得ない。アメリカ合衆国でBSEの発生と日本国内への輸入禁止措置。続いて東南アジアを中心に鳥インフルエンザの同時多発発生。茨城県では鯉ヘルペスが大量発生した。移動禁止と廃棄処分によって霞ヶ浦の鯉養殖業者は、全部が廃業に追い込まれると伝えられている。関係者の悲鳴が聞こえてくる。

O-157、ヤコブ病、口蹄疫、SARSなど世界中に毎年のように予想し得なかった新種の感染症が発生している。そしてこれらの新興・再興感染症の多くは発生の原因、伝染経路が十分に分かっていない。だから対策も隔離、焼却などとりあえずの対応しかとれず、しかも大半は後手に回り、根本的な対策がとれないでいる。

こうした現象を見て、動物の人間への復讐が始まった、と人は言う。私もそう思う。一連の事件は、過剰に繁殖した生物が、些細な環境の変化で大量に死滅することを我々に教えてくれる。自然の摂理は鮮烈かつ冷徹である。

動物はなぜ人間に復讐するのか。答えはきわめて簡単で、人間が自然の摂理に反した飼い方をしているからだ。牛も豚も鶏もみんな虐待を受けているではないか。それに対して、私が前に視察したスイスでは、憲法で「生存の自然的基礎の維持」がうたわれている。

では、どうしてあのような飼い方をするのだろうか。市場経済、市場原理主義、要するに安ければ安いほどいい、もうけのためにはとにかくコストを安くしろ、という考えがほとんどの人の頭を支配しているからだ。コストを追求する市場原理主義は国境をもたない。

市場原理主義は万能か

急速なグローバル化は、人や物の動きをとどめることは出来ず、感染症もあっという間に世界中に広がってしまう。しかも、そのような症状が発見されても、発表すれば輸入禁止などの措置が必至なだけに、国は蔓延してしまってから手を打つ、というのが普通だ。その広がり方を考えれば、鶏は牛や豚の比ではない、と私は考えている。

さて、霞ヶ浦は今や死んだ湖になってしまった。霞ヶ浦の水を水道水として飲んでいる人たちは、そのままでは飲めないので、浄水器の設置は不可欠だという。現在霞ヶ浦の水を浄化するために、はるか北を流れる那珂川の水を導入する計画が着々と進められている。霞ヶ浦の水をきれいにして、最終的には東京の水がめにするのが国のねらいだと私は考えており、反対の声は専門家から挙がっているが、いかにもか細い。生態系の違う水を混ぜるとどうなるか懸念されるし、第一、この湖の汚染の原因は、利根川の水が霞ヶ浦に逆流しないようにと逆水門を作ったことにあるのに、そのことを不問にしてしまっている。この逆水門は、鹿島開発の時に、海水の混じった霞ヶ浦の水は供給できないという、工業、企業優先の考えから作られたものなのである。

鯉ヘルペスは、養殖業者や、鯉料理店などの関係者への影響は甚大だが、地域限定版の問題だ。しかし、鳥インフルエンザの流行は現在進行形で、人から人へ感染という情報もあり、今後どこまで拡大するのか、現時点では何とも言えない。

タイやベトナムの養鶏の急成長は日本の商社によるものであり、アメリカ産の牛肉と同様に日本人の食の一部（人によっては大部分か？）はそれらに支えられる構造になってしまった。吉野屋の牛丼が食べられなくなる。いっぱい飲み屋の焼き鳥も我慢しなければならない。海の向こうの話ではない。私たちの胃袋に直結しているのだ。

このあたりでも私の子どもの頃はそうだったが、放し飼いの鶏は祭りや正月、もてなしの時にしか食べられなかった。タイ、ベトナム、中国でもほぼ同じだった。あちこちで生きたままの鶏、アヒルなどが売られているが、市場へ持っていけば、お金に換えられる貴重な財産でもあった。

しかし、エビと同様に鶏（ブロイラー）も商社にとってはビジネスチャンス。現地に企業を興し、食品産業を、国を代表する産業に育て上げた。私たちが日頃口にするやきとりはほとんどがタイやベトナムで串刺しされ、冷凍の状態で入ってくる。

養鶏は雇用や現金収入を農村にもたらしたが、稼ぎまくるシステムの中では安全・衛生管理は未整備の状態。行政も目をつぶってきた。今回の鳥インフルエンザの蔓延は起こるべくして起きた不幸な事件である。

アメリカ産牛肉の輸入禁止措置はまだ続いている。安価な素材の供給を頼っていた外食・食品業界は一日も早い輸入再開を、といって悲鳴を上げているが、日米間の協議は難航し、長期化の様相を見せている。日本が全頭検査を要求しているのに対し、アメリカ側は、日本の要求は科学的でない、またコストがかかりすぎる、と主張し、両国の食の「安全・安心」を巡る溝が鮮明になってきている。

食べ物とエサとは違う

国内の識者も「米国のＢＳＥ蔓延状況の解明は不徹底、一定年齢以上の牛には全頭検査が必要。米に国内と同等の対策を求めるのは当然、消費者の理解なければ消費回復しない。国内自給率引き上げが安全策に重要、大量使用の企業はリスク管理の徹底を」（「毎日新聞」〇四年二月二日付け）などと主張している。人間にとって食とは何か。安ければそれでいいのか。食べ物とエサは同じなのか。私たちが考え直す絶好のチャンスである。また、モノの売り買いは経済行為だが、食べ物、食べ方は経済だけの問題だけではない、と常々考えており、その点でも今回の一連の事件はいい教訓になる。

経済だけの側面でも、この問題は、食料のほとんどを一定の国に依存することがいかに危険であるかを私たちに教えてくれた。また、日本人の歪んだ食生活が顕わにされた。

タイミングが良くか悪くか、国は、「食料・農業・農村基本計画」の見直しに着手した。ここでのねらいは、これまでの全生産者を対象とした「護送船団型」の支援から、プロ農業経営への支援を集中させ、高生産性農業、付加価値農業を育成し、WTOやFTAなど国際化へ対応していくそうだが、外国の農業と競争して勝てる経営がどれだけあるだろうか。かつて存在した農業基本法や農協の農業基本構想は高能率・高所得農業を旗印にしていたことを思い起こす。しかし、市場原理だけで農業を律してはならない。

（『全略新報』〇四年二月十日）

グローバル化は絶対か——危険な財界の農政改革攻勢

食料は「命の源泉」

アメリカ合衆国からの牛肉輸入再開問題は膠着状態、鳥インフルエンザの方は今のところ一段落している。この二つの問題は、食料を外国に依存しすぎると大変なことになるということを私たちに教えてくれたが、国民全体ではそう考えていないのでは、早く牛丼を食べたいという人が多いのでは、と思われる。特に食品業界には早期の輸入再開を望む声が強い。

タイミングが良くか悪くか、二〇〇三年暮に国（農水省）は食料・農業・農村基本計画の見直し作業に着手した。時を同じくして財界のシンクタンクである日本経済調査協議会が「農政の抜本改革―基本方針と具体像」と題する農政改革提言（中間提言）を公表した。

国の見直しの焦点は、ばらまき型補助金の見直し、プロ農業経営への支援集中、環境保全政策の確立、食料自給率目標の見直し、農地制度の改革など。既に論点整理を終え、部会で検討が始まり、二〇〇五年三月には変更された基本計画の閣議決定が行われる見通しだ。

ここで注目したいのは、日本経済調査協議会の出した中間提言。「はじめに」には次のように書かれている。

食料は「命の源泉」である。にもかかわらず、日本の農業は国民に対して開かれたものになっていない。国民の間には、「裕福な兼業農業」、「補助金漬けの農業」という偏ったイメージがある。これまでの農政は頭で考えたもので、農業の現場にも国民にも納得されていない。

農業は非効率な体質になり、改革心のある農家の意欲を奪い、国際競争力は低下する一方、である。「命の源泉」である農業をこのまま衰退させてしまっていいものだろうか。

農政は政策転換と制度改革をスピードアップし、農業者に対して食産業としての意識改革を促して、創意と工夫を引き出さなければならない。

グローバル化が是か非かではない。我が国農業に今問われているのは、いかなるかたちのグローバル化を目指すかである。農政にとっても農業者にとっても、攻めの農業が今求められている。我々は農業に夢を取り戻さなくてはならない。

一致する国と財界の農政改革

このような認識を前提にして同協議会は政策の提言をし、さらにその具体像を示している。政策転換・制度改革の基本指針は次の七つ。農業者の意識改革と国民の利益に結びつく農政をめざそう。アクセルとブレーキを同時に踏む政策を整理しよう。行政組織の見直しも必要だ。国際社会に通用する一貫したスタンスが基本だ。すべての政策形成プロセスをガラス張りに。地域農政の力量と透明性が問われている。農政改革の全体を緊密なパッケージに。

またその具体像として、フードシステムと農政改革、新たな担い手支援策、農地制度の抜本改革、農業環境政策の構築の四つを挙げている。

同協議会の提言は、遅々として進まない農業改革と現状との乖離に財界ペースの農政改革を進めよう、国は食料・農業・農村基本計画の見直しをするので、それに合わせて影響力を行使しよう、というものである。

我が国での農業従事者の高齢化、耕作放棄地の増加、世界の食料問題の混迷化など、食料や農業・農村の最近の動向については誰が見ても同じような認識になるだろうが、この提言をめぐっての問題点をいくつか指摘してみよう。

まずプロセスの問題である。この中間提言をまとめた主査は東京大学のS教授である。そのS教授は、今回国が見直しを進めている基本計画策定の審議会で会長代理を務めている。これでいいのだろうか。

国が基本計画見直しのために開いた審議会の資料によれば、施策の抜本的改革の項目として、担い手の経営に着目した品目横断的な政策への移行、担い手・農地制度の改革、地域資源・環境保全政策の確立、風格ある農山漁村づくりなどが挙げられている。これらは、表現がやや違うが、中間提言に盛り込まれている項目だ。財界の意向が既に国の改革の方向に盛り込まれているとしか考えられない。

財界の一方的な主張

提言内容の問題点については、次のことを指摘しておく。

食品の生産から消費までの流れを、川上の農林水産業、川中の食品製造業、食品卸売業、川下の食品小売業、外食産業を経て、消費者の食生活に至るフードシステムとして把握することが重要である、と提言は指摘している。また、食品産業を欠いた日本農業はありえない、とも言っている。それはその通りなのだが、フードシステムの中で食品産業のみが繁栄し、川上の農林水産業が衰退している原因が何故なのかの指摘はない。高齢化、耕作放棄地の増加などは端的に言えば、農業では生活できない、再生産できないからだ。食品産業のことを考えて農業をやれ、というのは一方的な主張である。健全な農活動があってこそ消費者は安全でおいしく、手ごろな価格で食べ物を手に入れられるのだ。

食品産業は地域の産業としても重要である、と言っている。しかし、市街地でのシャッター銀座化、農村部では豆腐屋、魚屋、酒屋、薬屋、よろず屋などが、経営が成り立たないために店を閉め、車を持たない人が買い物に行けないことなど食品加工、流通の大手独占化がもたらしている弊害については触れていない。地域社会が成り立たない所で風格ある農山漁村づくりなどできないではないか。

グローバル化が是か非かではないという問答無用の姿勢も問題である。この提言のすぐあとにアメリカ産の牛肉輸入ストップ、鳥インフルエンザの発生などが起きている。食料は「命の源泉」であると本気で考えるなら、安ければよしとする経済合理主義だけで農業生産を割りきることはできず、いつでも今回のような事態が起きることを想定すべきだ。

同協議会は今後、農協改革の課題、ＦＴＡと我が国農業、農政改革と財政問題などについても検討を行う、としている。これに対して農協陣営はどうか。全中は二〇〇四年に基本農政確立対策プロジェクトを設置することを決めたそうだが、詳しいことは分からない。農協への批判はまだしも、農協改革の方向まで財界から指示されることを私は黙って見てはいられない。農水省や協議会の資料はそれぞれのホームページから入手できるが、全中の資料は手に入らない。私は、密室での作業は何の役にも立たないと言ってきているが、立ち遅れは否めない。農協で仕事をしている一人として歯がゆくてならない。

（『全略新報』〇四年四月十日）

「朝日」は誰の味方か――「ばらまき」の現場をご存じか

国の基本計画をめぐって

二〇〇五年三月二十五日の閣議で二〇一五年度を見通した政府の食料・農業・農村基本計画が決

まった。その骨子は、伝えられているように、①食の安全で消費者の視点を反映、農家の規模拡大など構造改革を目指す②食料自給率をカロリーベースで四五％へ向上③〇七年度に直接支払いを導入し、意欲と能力のある農家へ支援を集中④農家が取り組む環境規範を策定するなど環境保全を重視⑤各政策を着実に実施するために工程表を策定⑥食育や地産地消を推進する、というもの。

この基本計画は、三月九日に開かれた農水省の審議会での答申を受けたものだが、『朝日新聞』（以下「朝日」）は審議会の翌日の一面トップで「経営マインド・競争力重視、『強い農家』に所得補償」という見出しで答申の内容を伝え、二面で「ばらまき農政温存に道」という解説記事（時時刻刻）を載せ、さらに社説で「票田争いが目に余る」という表現で、計画自体が政党や農協などの圧力で歪められてしまった、と断じている。

この一連の記事を見て、「おやおや、朝日新聞は誰の味方なのかな」と考えた。「朝日」といえば、このところＮＨＫと喧嘩したり、あの武富士から協力費という名目でやみの広告費を貰っていたと伝えられていたり、私たちに話題をいろいろ提供してくれている。そのことはさておき、今回の記事を私は黙って見過ごす訳にはいかないので、その姿勢、視点を問いたい。

「ばらまき」農政とは何か

まずはその「朝日」の二〇〇五年四月十日付けの記事から。

「計画案には、農家の所得を税金で補償する『直接支払い』を〇七年度から導入する方針が明記された。『強い農家』をさらに強くするために所得を補償し、農業の国際競争力を高める道を開いた。ただ、計画では大規模農家だけでなく、小規模な農家も助成対象に想定している。この秋から政府・与党で協議が本格化する助成対象の具体案づくりいかんで、補助金のばらまきとなる恐れもある」（二面）。

「『ばらまき農政』を一新し、大規模な農家を農業の担い手と位置付けて助成を集中する――。こんな狙いがあった農政指針『食料・農業・農村基本計画』は、一年余りの討議の結果、従来のばらまきを温存させかねない内容となった」（二面）。

「農家の懐を潤す補助金を乱発する一方で、輸入品には高い関税をかけてきた。手厚い保護ですっかり弱ってしまった農業の立て直しが急務だ」。「今度の計画では、荒波を乗り切るため、耕作面積の大きさを生かしコストダウンに励む『プロ農家』に農地を集める方向を示した。そのうえで、コメや小麦といった品目ごとの補助金はやめ、農産物の価格は市場に委ねる。農業と他産業での所得に大きな差がついた時は税金で補う」（三面社説）。

見出しと記事を見れば分かるように、「朝日」の農業、農政を斬るキーワードはばらまき、市場原理、票田のようだ。

国は「ばらまき」農政をやめ、担い手に農地を集中させ、農産物価格は市場に任せる。強い農家には所得の補償をする。しかし、農村を票田として維持したい自民党農林族議員や農協が横槍を入れ、農水省を推し切ってしまった。それはけしからんとし、腰砕けに終わってしまった農水省にエールを送る、というのが「朝日」記事の私なりの読み方だ。

「ばらまき」農政とは何か。ばらまくという言葉は、一ヵ所に偏らないようにまんべんなく撒く、という意味である。「朝日」によれば、補助金を一律に出していることであろう。それで何が悪いのか。教育、福祉、医療、土木などの分野で予算をばらまく、と言われてきただろうか。何故農業だけ槍玉に挙げられるのか。

経済政策とは

いうまでもなく、農業を含めて経済政策は、一定の究極的目標と、それに基礎づけられた具体的あるいは実践的目標の設定と、その目的実現のための諸政策の策定を含むものである。そしてその政策の性格は、誰が、誰のために、どのような利益を追求して、どのような方法で行われるか、によって規定される。

戦後の農政を振り返ってみると、大雑把に言えば、国民の食糧の確保、自立経営農家の育成、国土保全が農政の目標としてきたことであった。これは一定の時期まで国民的合意事項であった、と私は考えている。

しかし今日、そのすべてが目標通りに進んでいない。国全体の政策の中で、農業の分野が翻弄されてきたこと、もっと言えば犠牲にされてきたこと、実践的目標の設定、実現のための施策に問題があったことなどによる。

その流れを見ないで、「ばらまき」と切って棄てる手法は「朝日」のやりかたなのか。

市場原理主義については、これまでに何度も書いてきた。このことを論じれば、つまるところはわが国に農業は必要なのかどうか、国とは誰のために何をすればいいのか、ということである。

食料は私たちのいのちそのものであり、それを生産する農業は、教育や医療と同様に高い安いだけで考えることは出来ない。いくら高くてもいいから自給しろとは言わないが、「朝日」にはヨーロッパ諸国の農業政策と比較して、日本の農のあり方を論じてもらいたい。

「朝日」は、担い手に集落営農を含むという方針が気にくわないようだ。私はそもそも担い手、認定農業者という言葉自体がおかしいと考えている。農業をやるのにどうして国からお墨付きをもらわなければならないのか。

国が考える約四十万戸の経営体でわが国の農業、農村が維持出来るとは到底思えないが、二〇〇四年十二月に農業開発研修センター（京都）が実施した自治体・農協・生協トップの意識調査結果もそのことを裏付けている。「農業に意欲を持っている者は誰でも施策の対象とすべきで、区分けするのはおかしい」と三分の二以上のトップ層が考えている。「大多数の高齢専業や兼業農家を施策対象から外したら、食料の安定的供給など出来なくなる」という項目も半数が支持している。逆に、「海外との競争を考えたら、思い切って施策対象を絞るべきだ」という積極的な支持者はいずれも一割以下だった（同センター「地域農業と農協」第三十四巻第四号、二〇〇五）。

それなのに「朝日」は、自民党と民主党の票田争いという皮相的な次元でしかものを見ていない。

二〇〇四年の参議院議員選挙で農協が推した候補が落選したということを見ても、農村票はもはやあてにならないではないか。

大規模農家や法人の育成という上からの改革を一挙に推し進めようというのが「朝日」の考えなのだろうが、昭和一ケタ世代の引退で予想される大規模な農地流動化を、大きな農家だけでは支えきれない、という現場の考えが先ほどの意識調査に表れているし、それを政治家が施策に反映させようとするのはむしろ当然のことではないか。

このように書いてきたからといって、私は国の基本計画を肯定するものではない。

(『全略新報』〇五年四月十日)

「山下論文」に反論しよう――「農協の解体的改革」とは

「信用・共済事業の分離を」

農協の存在、あり方をめぐって、内野、外野の声がにぎやかに聞こえてくる。ここではそれらの一つである山下論文(『日本経済新聞』〇五年六月七日付け)を取り上げ、論評する。

山下論文とは、経済産業研究所の山下一仁氏の「農協の解体的改革を」を指す。まず、そのあらましを紹介しよう。

「兼業農家と一体となって事業を肥大化させてきたＪＡ農協の存在が農業の構造改革を阻んでいる。農業の再生のためには、ＪＡから信用・共済事業を分離して農業事業に特化させたり、ＪＡ傘下外で主業農家による専門農協を設立するなど、企業的農家の育成を支援する必要がある」。これが要約である。

本文では、「農業の構造改革が進まないのは農協が邪魔しているからだ。農協は行政の下請け機関であり、全国機関を頂点とした上意下達の組織となった。圧倒的多数の兼業農家の声が農協運営に反映されやすい。農協は、主業農家を育成し、農業の規模拡大・コストダウンを図るという農業基本法以来の農政に一貫して反対した」と述べて、このような農協を解体し、信用・共済農協と米専門農協を作れ、というのが氏の主張の骨子である。

この山下氏の論文に対して、農協のナショナルセンターである全国農協中央会（全中）は同月十四日に、内容が一面的で、事実誤認が甚だしく、農協に対して読者・国民の誤解を招くとして、抗議文（反論）を出した。

農協が戦後の農政に反対してきたから農業の構造改革が進まない、農協にとっては兼業農家を維持した方が政治力を発揮できる、有機農業や産直農家を農協事業の利用から排除した、兼業農家は役職員を監視できない、などという山下氏の考え（主張）は、これまでの経過や現場での動きを見ていると、ホントにそうなのかな、と私は思う。しかし、長いこと農協が産業組合時代を含めて行政の下請け機関としての役割を果たしてきたこと、上意下達の組織であるという指摘は、産業組合の歴史、戦後の農協の歩みを見れば、そのことがいいか悪いかということとは別に、歴史的事実として認めなければなるまい。もっと言えば、わが国の農協は協同組合の名にふさわしかったのか、協同組合と言えるのか、ということでもある。

農協改革が叫ばれているワケ

問題である山下論文の結論部分を論評する前に、こんにち何故農協改革が叫ばれているのかを、三重大学の石田正昭氏の論文（「ＪＡ危機の問題構造とＪＡ改革の新局面」『農業と経済』〇五年七月号）を手がかりとして整理しておこう。

わが国の農協は流通特化型の農協であり、組合員の零細性をみずからの協同によって克服し、産業資本や流通資本への対抗力として機能し、役割を果たしてきた。しかし現在では肥料、農薬などの資材産業において競争的なサプライヤー（供給者）が多数出現し、農協購買事業の存在意義が低下している。また販売事業でも、これまで食管制度や卸売市場制度のなかで単なる集荷機関であり、委託販売を行ってきたが、制度改革や流通の変化によって農協の存在意義は失われてきている。

競争力についても、価格が高い、品揃えが悪い、アフターサービスが悪い、職員に専門知識がないなどのことが指摘されている。農水省の「あり方研究会」報告では、農家組合員のための農協ではなく、農協のための農協になってしまっている、と酷評されている。

このように、農協の制度やあり方が経済社会の実態と合わなくなっており、農協の存在意義や競争力に問題がある、として行政、組合員、財界などから改革の要求が出てきている、と考えなければならない。財界からの要求は、改革というよりも解体と行政によるさまざまな庇護の取り外しであり、山下論文もその一つに入るものである。

農協内部からも改革の動きはあるが、それは主として経営の悪化によるものである。信用・共済部門の黒字幅が減り、購買・販売部門の赤字幅が拡大している。このままでは農協の経営が維持できない、という危機意識からの改革である。

さて、山下論文のどこが問題なのか。

農協をつぶしていいのか

農協は何故生まれたのか、批判されながらも今日まで何故存在してきたのか、氏はこのことを正しく認識されていない。これが問題の根幹であろう。現在の農協が役に立たないからつぶしてしまえ、という説は一見面白そうなので、皆飛びつくが、つぶしてしまって、わが国の農業と農家の暮らしは良くなるだろうか。いや、つぶすのでなく、信用・共済農協と米、野菜などの専門農協とに分離するのだ、ということかもしれないが、農家経済の循環を考えれば、それらを分離することは不可能だし、米専門農協が単独で経営すれば、赤字ですぐに行き詰まってしまう。信用・共済部門も、販売が伴わなければ利用は激減するであろう。

生産農家が農協を必要としなくなる状況とは、自分で生産から販売まで自己完結出来るということであり、経営形態は小農経営ではなく、資本家的経営である。農業がなりわいから産業に転化するということがわが国で可能になることは考えられない。また、山下氏は農業を止めない兼業農家を非難されているが、兼業農家こそがわが国の農村社会を維持している源泉である。

山下論文に対する全中の反論は全体としておそまつで、これが農協陣営のレベルなのかと思われると、恥ずかしくなってしまう。農協が危機的状態になっていることをご存じないのかと疑わざるを得ない。上意下達を「上位下達」と表現しているのは、つい本音が出てしまったのかなと思わず笑ってしまう。

新聞報道によれば、政府の規制改革・民間開放推進会議での議論、方向付けはまさに山下論文の通りであり、氏が個人的な見解を述べたのではない、と考えざるを得ない。全中は山下氏に抗議するのではなく、「日本経済新聞」に対して反論の掲載を申し入れるべきではないか。また、全中のホームページに反論を載せ、研究者、農協役職員、組合員などから意見を求めるべきではないか。そして、総力をあげて「本来の協同組合」としてのビジョンづくりと体制づくり、組合員・役職員の意識改革への取り組みを早急に始めるべきである。さらに、全中は財界、政府、マスコミなどの農協攻撃に太刀打ち出来るイデオローグを育てて欲しい。

農水省は先に相次ぐ全農の不祥事に対して、「経済事業のあり方の検討方向について」という中間報告を出したが、私の目から見れば農協全体を恫喝する内容である。しかし全農は、おとなしく言うことを聞き、全中は何も反論しない。協同組合の仲間である日本生協連の「農業・食生活への提言」は農協への離縁状だと読めるが、これに対しても全中はだんまりを決め込んでいる。私のいらいらは募るばかりだ。

（『全酪新報』〇五年八月十日）

日生協が日本農業へ提言――農協への離縁状か

「財界の主張を代弁」

日本最大の消費者組織である日本生協連（以下日生協）は二〇〇五年六月の通常総会で、これからの生協陣営の方向を決める「日本の生協のビジョン」と合わせて「日本の農業に関する提言」を提案した。この提言を一読して、「ああ、これは同じ協同組合組織である農協への離縁状だな」と感じた。

この提言に対して「生協はルビコン川を渡った。生協組合員の思いと実践が欠落、生協運動の思想的危機が浮き彫りにされている。財界の主張を代弁する提言だ」（岩手県生協連・加藤善正会長、『農業協同組合新聞』六月二十日号）という内部からの批判が出ているが、生協全体としてどう受け止めているか、どのように議論されているか、私にはまだ分からない。農協陣営からも表だった批判や反論を目にしていないが、協同組合運動のパートナーである生協がこのようなことを提言していることを私はそのまま放置出来ない。何が問題なのかを見てみよう。

この提言は、日生協が、消費者の立場から日本の農業のあり方について政策の再整理を図り、食生活に関する生協からの提言をまとめようと、二〇〇三年から「農業・食生活への提言」検討委員会が検討してきたものだ。財界や政府が農業に関してとりまとめた報告書に関わった東京大学のS教授がここでもメンバーに加わっている。

提言はまず前提として、少子高齢化、単身世帯の増加など変化する家族の姿、多様性のある食への関心と意識、食事内容の変化、食料消費の変化など食生活をとりまく変化と現状に触れている。続いて、食品の安全をめぐる問題、拡大する農産物輸入と高い内外価格差、担い手の高齢化と耕作放棄地の拡大、など日本農業をとりまく変化と現状について整理している。

こうした農業や食についての分析については、何故そうなったのか、国(農政)の責任はどうなのかという視点が欠けているし、そのことにメスを入れなければ解決策は見えてこないと考えるが、おもてづらここに書いてあることについてはおおむね妥当であろう。

日生協提言の問題点

問題はその次の「日本の農業に関する提言」にある。

「閉塞感に陥っている日本農業を立て直すために、農業者、生産者団体の自律的な改善努力を期待するとともに、新たな人材を受け入れる努力が必要です。消費者は、食料の安定的生産と農業の生産環境の維持のために農業の構造改革をすすめ、日本農業が活性化し、産業として力強く再生し発展していくことを望んでい」るとして、環境保全型農業の推進、食品安全行政の確立、日本の農産物の品質と競争力の向上、国際環境の変化に対応した農政の確立、自給率の向上に向けた自給力の強化、の五つを上げている。

主な問題点を拾っていこう。

提言は、農業生産には「仕様管理や工程管理に裏づけされた取り組みが必要です」「消費者ニーズはもちろん、加工メーカーなどのニーズにも即した生産をすることが期待されています」「消費者ニーズに対応したきめこまかな農業生産に取り組むことを期待します」と言っている。取り締まり農政を進める農水省のスタンスと同一ではないか。さらに加工メーカーにまで媚びを売っている。単位生協レベルではさまざまな産直が生産者や農協と一緒に取り組まれているが、担い手になれそうもないばあちゃんやかあちゃんたちの元気な活動は切り捨ててしまうのだろうか。ISOやHACCPのような国際基準が生産現場のどこまで入るのだろうか。工業の論理を農業にも適応しろというのでは、財界の要求とまったく同じではないか。消費者は王様だという考えを生協が取るというのは解せない。

さらに提言は言う。「高関税を輸入農産物にかける国境措置により、消費者は国際的にみて高い価格で農産物を購入しています」「国産農産物だけでは食料をまかなえない現状をふまえて、世界的な規模での食料調達について考えることも必要です」「高関税の逓減による内外価格差の縮小を求めます」。

生協がこんなことを言うなんて、絶句、驚き以外のなにものでもない。要するに、国内の農産物価格が高いのは高関税のせいだ、それを低くすれば、消費者はもっと安く買えるのに、という主張である。今は高齢化、リストラ、年金、ゼロに近い金利。食料品の価格が下がれば生活は楽になる、ということであろう。しかし、給料（賃金）は生活水準に左右される。生活費の一部である食料品への支出が減れば、賃金も減少する。生協の組合員はものを安く買えればいいのだろうか。スーパーと生協は同じなのだろうか。

「カネさえ出せば」でいいのか

現状は、国内で農産物（食料品）をまかなえないのだから、外国から入れるのは当然だ、という論理も危険である。最近、フードマイレージという言葉が使われているが、世界のどこからでも、カネさえ出せば買える、買ってくる、という考えは、エコノミックアニマルの発想であり、環境破壊につながり、エネルギーの過剰消費になるのではないか。自給率の向上にもつながらない。前段に、環境保全型の農業生産を促進する、地域資源保全の取り組みを支援する、と述べていることと矛盾するのではないか。

提言は最後に、自給力の強化のためには新規参入と農地活用を促進することが必要だと述べている。そのために、担い手に農地を集約させ、「意欲のある組織や個人に対しては、既存の農業者と同じ条件で農業へ参入できるよう求め」、「法人による農地所有の問題についても今後の課題として検討がすすめられる必要がある」、としている。

意欲のある人が農業をやることは現在でもできるし、各地で多くの事例を見ている。しかしこの提言は、下司の勘ぐりと思われるかもしれないが、そのことを隠れ蓑にして、株式会社の農地取得を認めるべきだ、という財界の意向を代弁しているのではないか、と私には思える。

私は、この農業に対する提言とセットになっていると思われる生協の二〇一〇年ビジョンの全文を見ていないが、「生協は従来、品質に敏感な年収の比較的高い層から支持を受けてきたが、最近は年収四百万円以下という組合員が増えているので、低価格戦略に耐えられる商品開発や商品調達力の強化とコスト対応力がますます重要」という路線の転換がキーポイントではないか、と見ている。そして現場では産直農家に納品価格を三〇%下げることに同意しなければ取引をやめる、ということもすでに起きている。大手スーパーと競争して勝ち組に残りたい、そのためには協同組合原則も協同組合運動も捨ててしまっていい、ということなのであろうか。そして、中身はともかく長いこと協同組合間提携を進めてきた農協陣営と、日本農業をどう発展させたらいいのかという議論を尽くしたのだろうか。

「この道は誰かが歩んだ道、ああそうだ、農協がそうだった」というせりふはこわいなあ。生協の組合員はこのような変貌を支持するのだろうか。

（『全略新報』〇五年九月十日）

日生協「農業提言」はラブコールか──なぜ関税の逓減を主張

日生協提言は農協への離縁状

日本の生協のナショナルセンターである日本生活協同組合連合会（以下日生協）が二〇〇五年四月に「農業・食生活への提言」（以下「提言」）を発表した。この内容について私は、生協から農協への離縁状、絶縁状だと論じた。それに対して岡山大学の小松泰信教授は『農業協同組合経営実務』〇五年十一月号で、「提言」は農協への離縁状ではなく、熱烈なラブコールだ、と積極的に評価されている（「日生協『農業提言』への建設的批判」）。

離縁状とラブコールはまったく正反対のものだと私は考えるので、改めて「提言」の私なりの読み方を述べ、小松論文を批判的に検討する。

同誌には小松教授の論文の前に、前東都生協理事長の宮村光重氏が、生協が農業を考える視点と、日生協が我が国の農業・農政に対してとってきたこれまでの見解の推移を整理しておられ、参考になる（「考え所は何処に在りや」）。それによれば、一九八二年の日生協総会決議では「食糧の自給率向上、日本農業を発展させ、消費者を守る政策に転換」させることを要求し、「無政策的な農産物の自由化が消費者国民の大局的利益につながるものではない」と表明した。

この決議から、地域生協と農協との産直が旺盛となり、今日に至っている。しかし、日生協はその後、農業へのスタンスを少しずつ変化させ、今回の劇的転換につながった、と宮村氏は見ている。

「提言」の四つの問題点

私は既発表の論文で、「提言」の問題点として次の四点を挙げた。

一つは、「農業生産には仕様管理や工程管理に裏付けされた取り組みが必要」、「消費者ニーズはもちろん、加工メーカーなどのニーズにも即した生産をすることが期待」されるなどの提言は、つまるところ工業の論理を農業にも適応させろという財界の要求と同じではないか、ということである。ＩＳＯやＨＡＣＣＰのような国際基準が我が国の生産現場のどこまで入れるのだろうか。

食品の安全性について是非とも付け加えたいことがある。農産物への有機ＪＡＳ認定制度が導入されて五年経過した。しかし、国は特別栽培農産物に力を入れても、有機農業に本腰を入れないこともあって、認定農家、農産物は増えていない。なにより、我が国の消費者は口では安全・安心を言いながら、値段が高いと手にしない。外国では五割高、十割高は当たり前、消費者はそれでも買うというのに。

「提言」が最初に環境保全型農業の推進、食品安全行政の確立を主張するのであれば、生協陣営が国内の有機農業生産をどう考え、事業の中に入れていくのかの言及がないのはおかしいと考える し、有機農業運動に長いこと関わってきた私には不満がたらたらである。

二つ目は、「高関税を輸入農産物にかける国境措置により、消費者は国際的に見て高い価格で農産物を購入している」、「国産農産物だけでは食料をまかなえない現状をふまえて、世界的な規模での食料調達を」、「高関税の逓減による内外価格差の縮小を求める」というくだり。これが生協の言うことかとびっくり仰天したのは私だけではないようだ。

現在進められているWTO関税交渉で、我が国の政府ですら関税上限設定への反対などを主張しているのに、敵に媚を売るような今回の提言は、果たして生協組合員の理解を得られるのであろうか。宮村氏の言うように、おこがましいし、フライングであろう。現在、関税の逓減を国内であえて主張することは、我が国の稲作・酪農を瀕死に追いやるものだ、という宮村氏の説の方がもっともだ、と私は考える。

三つ目は、食料自給率が四〇％しかない現状を所与のものとして受け止め、国内生産だけでは足りないのだから、輸入するのは当たり前という主張である。こうした考え方も私たちの同意できないことであり、危険な論理だと考える。世界のどこからでも、カネさえ出せばものが買える、買ってくる、という考えはエコノミックアニマル、市場原理主義の発想であり、環境破壊につながり、エネルギーの過剰消費につながるのではないか。環境保全型農業を促進する、地域資源保全の取り組みを支援する、という前段の論述と明らかに矛盾しているではないか。

四つ目は、株式会社の農業への参入問題である。「提言」は、自給力（自給率ではない）の強化のためには農業への新規参入と農地活用を促進することが必要だ、と述べている。そのために、担い手に農地を集約させ、「意欲のある組織や個人に対しては、既存の農業者と同じ条件で農業へ参入できるよう求め」、「法人による農地所有の問題についても今後の課題として検討がすすめられる必要がある」、としている。財界のこれまでの主張とまったく同じではないか。協同組合の一員である生協が何故財界の言うことと同じことを提言するのか、私には理解できない。

この他にも、宮村氏も指摘しておられるが、農水省の基本施策を決める審議会の取りまとめ役を担った人（それだけでなく、財界のシンクタンクである日本経済調査協議会が二〇〇四年五月にまとめた報告書「農政の抜本改革―基本方針と具体像」の主査を務めた）を日生協が何故検討委員会のメンバーに入れたのか、不可思議である。あるいは逆に、「提言」の論旨を財界イコール農水省イコール生協という図式で読めるのではないか、とすら考えてしまう。

「提言」で生協は勝ち組に残れるか

さて、小松教授は先ほどの論文でまず、背景は生協の経営危機にある、と見ている。この「提言」について私は、生活クラブ生協の関係者にその背景を聞いたことがあるが、その時の説明は極めて簡単で、「生協も勝ち組に残りたいから」ということだった。我が国農業がこの「提言」のようになることによって、果たして生協が勝ち組に残れるかどうか、私には分からないが、生協が経営危機に陥っているという事情はひとまず理解しておこう。

小松教授は次に、「提言」のポイントを紹介した上で、「組合員の負託と社会的使命を十二分に意識し、筋の通った『答申』や『農業提言』であることは、高く評価されなければならない」と述べている。私は、農協界でも使っている「負託」という言葉は協同組合にふさわしくない、と前から主張してきている。そして私は「負託」を自分の言葉として使うことはしてこなかった。生協のなかで負託という言葉を日常使っているかどうか分からない。揚げ足取りで恐縮だが、教授が負託という表現をするのにはそれなりの理由があるのであろう。お教えいただければ、と思う。「提言」に高い評価を与えるかどうかは、その人の読み方、関わり方によるから、教授が「提言」を高く評価されても、ああそうですか、というしかない。しかし、これまで述べてきたような理由で、私はこの「提言」をまったく評価できない。

さらに、教授は最後に「立場こそ違えど、農業という産業を大切に思う気持ちは同じである」と述べている。

これまで述べてきた理由で、私は「提言」を生協から農協へのラブコールとは考えないが、それだけではない。この「提言」の検討委員会の経過を見る限り、国内調査で甘楽富岡、伊達みらい、みやぎ登米、みやぎ仙南の農協を訪問し、意見交換をしたことは分かるが、検討委員会で全国農協中央会（以下全中）を含め、農協に籍を置く人たちと議論した、意見を求めた、という記録はない。

今後の我が国の農業をどうしようかと考える時に、「農業という産業を大切に思う」のであれば、長いこと協同組合のパートナーとして歩んできた農協に意見を求めることをしなかったのは何故なのか。

農協陣営は「提言」を無視

このことについて私は、かなり前のことだが、農協関係のジャーナリストと話す機会があった。「全中はこの提言に対してどう考え、どうしようとしているのか」。その返事は、全中は「無視」するようだ、ということだった。確かにその後現在まで、全中がこの提言に対してコメントしたり、反論したりしたという情報を私は持っていない。

ところで今農業・農協界は、農水省が二〇〇五年十月に出した「経営所得安定対策等大綱」とWTO農業関税交渉という内外の動きに大きく翻弄されている。農業政策の対象農家等を絞りこみ、米価等の実質輸入自由化が実現すれば、我が国農業はまさに生協の「提言」のようになるのであろう。してやったり、と生協関係者は密かに思っているのかもしれない。

私は、二〇〇五年十一月に東京で開かれた全中主催の第二十三回全国農協大会実践交流集会に参加した。その中の全中専務の情勢報告・課題提起に私は期待した。しかし、私にはその報告は弁明、弁解にしか聞こえなかった。そして、農協批判が激しさを増しているので、「時代の環境変化に合わせた事業方式の改革が必要」、「地域の組合員・住民からの信頼をどうつくりあげるのかが対応の基本」とゲタを現場の私たちに投げてしまっている。では、ナショナルセンターとして全中はどうするのですか、と私は聞きたかった。

その後、私の所属する茨城県で、県農協中央会が二〇〇六年度の事業計画を前に、農協常勤役員の会議を開き、農水省の方針がこうなる、という説明を聞いた。私は、「国がこうするのだと中央会が説明するだけなら、それは伝達会議でしかない。今回の内外からの攻撃、攻勢に農協はどうするのか。特に『大綱』は農協組合員の大多数である兼業農家を政策対象から外すと言っている。そうなれば、農協組織は崩壊する。その対策を考え、私たちに提示することが指導機関である中央会の役割なのではないか」と発言した。

これまで見てきたように、農協陣営は生協のラブコールに答えられない。答えようともしない。「無視」なのである。悲しいかな、これが農協陣営の現状である。さらに、この「提言」の出自を見るとき、私には「熱烈なラブコール」だとはどうしても思えないのである。

（『全略新報』〇五年十二月十日）

農協批判の本質を探る――強きを助け、弱きを挫く思想

まかり通る拝金主義

『毎日新聞』の出色のコラム「記者の目」は暮に二〇〇五年を「出し抜き、独り勝ちの〇五年、むごたらしい荒野の風景、性悪説の大量生産嫌だ」とまとめている（十二月二十九日付け）。また翌日の投書欄には「恥の文化が衰退する日本」という記事を載せている。

ＪＲ福知山線の脱線事故に始まり、姉歯建築士の耐震データ偽造事件に終わった二〇〇五年。十二月としては記録的な大雪という寒々とした光景は、まさに荒野である。この異常な姿にお天道様も怒り狂っている、と私は勝手に思っている。

誰しも、達者で長生きしたい、と願う。それを支えるのは医療、福祉であり、生命維持産業である農業、漁業である。人のいのちを支える農業はまともなものでなければならない、私は長いことそう考えてきた。

しかし、乗り物も住まいもクルマも暖房器具も、やはり人命に直接関わるのだ、ということをこの年にはいやというほど見せつけられてきた。この電車に乗ったら事故で死ぬかもしれない、このマンションに住んでいたら地震でつぶれるかもしれない、このストーブにあたっていたら死ぬかも

しれない、などと誰も考えてこなかった。

しかし現実は、儲かれば何をしてもいいという拝金主義、市場原理主義が人々の頭を支配し、人間の本質は善であるという孟子の性善説をそのまま信じてはならない、という教訓を私たちに残した。それをJR、三菱、松下電器などという、これまで一流と言われてきた大企業がやっていることに病巣の深さを見なければなるまい。

農業・農協には嵐の一年

農業、農協にとっても嵐が押し寄せた。農水省は春に新「農業基本計画」を策定し、十月には農政の対象を担い手、農業生産法人、集落営農集団などに限定する方針を打ち出し、平成十九（二〇〇七）年度から実施に移すことにしている。私はこの農政の方針変更は、農地改革以来の大きな改革、それも農業解体への道を歩むもの、と考えているが、肝心の農家は大多数がそのことを知らないでいる。

また、香港でのWTO農業交渉は、農産物輸出国と輸入国との間でまとまらなかったが、二〇〇六年中には方向が決まる状況にある。それも、アメリカ政府などが主張しているような関税率の引下げが実現すれば、日本農業は、米も酪農も虫の息になる。

それだけではなく、何度も見てきたように、研究者、マスコミ、生協などの農業、農協攻撃はすさまじかった。特に農協への攻撃は激しく、四方八方から攻めまくられてきた。そして追い討ちをかけるように、政府の規制改革・民間開放推進会議は、二〇〇五年十二月の答申には盛り込まなかったものの、全農の相次ぐ不祥事を取り上げ、農協の事業分割に執念を燃やし続けている。

そうした中、二〇〇五年四月に発足した農業協同組合研究会は、十一月に東京で第二回シンポジウム「農協批判の本質を探る　農協改革・発展の課題」を開いた。このシンポジウムには全国から農協の役職員、全国連関係者、研究者ら百五十人が参加した。今後の農協の発展方向を示す報告や議論があったので、その紹介をする。

冒頭、梶井功東京農工大名誉教授が「農協批判の裏にある強きを助け、弱きを挫く思想」と題する次のような基調報告を行った。

「現代の農協批判の本質的な要因は、グローバリズムを支配している市場主義にある。その特徴は、強きを助け、弱きを挫くことである。長期不況の中から、企業が新たな事業分野として農業・農村に目を向け始め、それが株式会社の農地取得や信用共済事業分離論などの提言につながっている。一方、農政自体も国際化の進展で、自由化を前提とした農業構造の改革をめざし、大規模経営育成への施策集中と農産物価格引下げによる内外価格差の是正へと転換し、農政も強きを助け、弱きを挫く方向に踏みきっている。その典型は、品目横断的所得安定政策の対象を限定したこと。構造改善が進むどころか、政策の対象ではない農家は意欲をなくして耕作放棄が進み、自給率は低下し、日本の農業は荒廃してしまう。それを農政はよしとしているようだ。農政の動きと財界の動きは連動している。こうした状況の中で、農協が地域社会で役割を発揮するために、地域農業の中核となる担い手の意向を反映した地域農業振興戦略の樹立、それに合わせた営農支援や販売活動を展開していくことが重要だ」。

もう一つの経済の仕組みを

続いて、生活クラブ生協連合会長の河野栄次氏は全農改革委員会に参加した経験を踏まえ、次のように生協から見た農協への提言を行った。

「全農をはじめ農協は国の制度に依存してきた体質があり、異議申立てができない。また自らの社会的役割の認識不足が目立つ。改革ではなく、すべての事業の組み立て直しをし、新たな全農づくりが必要だ。そのカギは、市場中心の見直し、にある。作ったら売れるという時代は終わり、マーケットに対して先取りしてモノをつくる時代だ。グローバル化のもとでは農協だけでなく、生協も含め協同組合の存在が問われている。市場経済主義の弊害として、徹底した営利主義、貧富の差の拡大、短期的視野、環境問題の顕在化があげられる。このような市場主義で人々は豊かにはならない。もう一つの経済の仕組みを組み立てていかなければならない。その中心をなすのは協同組合である。人々が登場する農協への転換、再組織化が必要であり、協同組合の武器は、人間関係と情報公開にある」。

現場からの報告は、茨城県の農民である野澤博氏と阿部長壽・みやぎ登米農協組合長の二人が行った。この中で野澤氏は「新たな経営所得安定対策大綱は、輸入自由化をさらに進め、国際競争に勝てない農家を切り捨てる構造改革。しかし、一部の農業者だけでは地域農業を守れず、自給率の向上も実現できない」と批判した。そして、地域で小規模農家が新たに出荷グループをつくっていきいきと活動している事例も紹介しながら、今の農業政策を是正するため、役員選出方法の問題などを指摘し、生産者から頼りにされる農協になって欲しい、勝ち組だけでは地域農業は維持できない、と訴えた。

阿部組合長は「日本農業の最大の特徴は家族農業経営だ。だから販売、購買組合だけでは不十分で、信用共済事業など総合農協であって初めて農業経営を支えられる。その農協に対する批判は、関税の引き下げ、完全な市場経済化の方向に日本農業をもっていくという農政の本質があるからだ。農協は農政改革の障害だというのが農政批判の本質。しかし農協にも問題がある。巨大化したＪＡバンクは分化・分割論の論拠になるし、共済代理店制度の導入も組合員の相互扶助という協同組合主義を失ったと見られる。農協が取り組むべきことは、農協理念の復活である。新しいことをやる必要はない」と述べた。

報告を踏まえた総合討論では、組合員の農協離れ、自給率低下への不安、食料安全保障政策の重要性など多彩な意見、提言が出され、組合員の立場に立った運動、事業をどう展開するかが焦点になった。二〇〇七年からの農政の大転換に備え、農協が農業をどうするのか、試される。

（『全酪新報』〇六年一月十日）

どうするのか日本の農業──農の危機は財界のチャンス

ここでのさしあたっての対象は、経済同友会の「農業の将来をきり拓く構造改革の加速」(同友会提言)及び日本経済調査協議会の「農政の抜本改革──基本指針と具体像」(日経調報告)である。フードシステム、担い手対策、農地制度改革など言及したいことはあるが、全面的な批判、反論は紙幅の都合でできないので、私の関心を引く個所に絞る。

NIRA報告の二番煎じ

同友会提言のサブタイトルは「イノベーションによる産業化への道」である。イノベーションという表現を見て、叶芳和氏と彼が関わったもう二十年以上も前のNIRA報告書『農業自立戦略の研究』を思い出した。

農業は先進国型産業である、日本農業の最大の病理は高価格だが、技術革新(イノベーション)と規模拡大、競争原理の導入によりコストダウンが図れる、我が国では一九九〇年代にかけて四つの革命(市場革命、土地革命、技術革命、人材革命)が進行する条件が成熟する、という報告に対しては当時賛否両論が飛び交った。そしてその考え方は市場原理重視、国際協調型農政を基調とする前川レポートに受け継がれ、その後の農政の流れに大きな影響を与えることとなった。だが、叶氏が説いた四つの革命はその後実現しただろうか。期待したイノベーションは起きたのだろうか。土地の流動化は進んだのだろうか。農産物の自由化は大幅に進展し、世界最大の農産物輸入国になった（小泉首相の農業鎖国発言は論外である）が、安い外国農産物が大量に入ってきて、私たちの食卓は本当に豊かになったのだろうか。答えは否、である。

確かに、私たちはお金を出せば、世界中の食べ物がいつでもどこでも手に入れることができる。しかし、食と農の距離が限りなく広がったことにより、食品産業では途中で何をやっても分からない、ばれないという企業倫理のまひを生み、ＢＳＥの発生、偽装表示、不当表示など食の安全性を根底から揺るがす事件が次々に発生したことは記憶に新しい。また、グローバル化の進展、安ければいいとする市場原理主義により、農業だけでなく、工業の分野でも海外進出が進み、モノつくりは海外にシフトし、国内には職場がなくなってしまい、リストラ、フリーターの増大など雇用問題が深刻化し、そのことは年金、医療、福祉などに、ひいては国家財政にまで大きな影響を与えている。大型スーパーやコンビニの進出は、それこそどこにもあったよろず屋、豆腐屋、魚屋などを駆逐し、特に農村部ではくるまを持たない人達の生活を脅かしている。

こうしたことの検証、反省なしに何故今再び「イノベーション」をふりかざすのか。

同友会提言は、我が国農業を取り巻く環境変化として、経済のグローバル化の進展、少子高齢化の進行、食に対するニーズの多様化と高質化、化学技術の進歩を挙げている。しかし、我が国の農業は生産性が低く、担い手も減少、耕作放棄地が増加している、一方では規模拡大の動きも見られ、付加価値を追求する新たな努力も見られる、としている。そして、「今日の農業にとって最も大切なことは、イノベーションを実現する体質を培養することである」という方向を示し、市場メカニズムの活用、大規模営農の推進、農村社会の安定などを提唱している。さらに具体策として株式会社等の参入規制の撤廃・緩和、農地利用の効率化、技術開発の推進、顧客視点の生産・流通の実現、直接支払制度の活用などを挙げている。

農業では食べていけない現実、誰が招いたか

こうした考え方の基本は、直接支払制度などを除けば、先のＮＩＲＡ報告とほとんど同じである。言葉は悪いが、二番煎じである。それにもかかわらず、財界サイドからの提言が相次いでいるのは、財政の硬直化が一層進んでいる中で、補助金漬けの農政を切り換え、農業保護コストの削減を図ること、川下サイドである食品産業、流通産業からフードシステムへ国内農業を組み入れること、農協を農産物、農業資材を農村マーケットから出来うれば排除し、直接自らの市場に組み込むこと、ではないか、と私は考えている。提言は冒頭で「日本経済が低成長時代を迎えた今日、競争力の弱い農業は、消費者にも、財政にとっても大きな負担となっている」と率直に表明している。

今村奈良臣氏は昨年秋のＪＡ-ＩＴ研究会で、「もともと我が国は農の国。長男が農を継ぎ、次三男が都会に出て、今日の日本経済の繁栄をもたらした。いわば長男は守旧派で、次三男は改革派。

外から田舎で兄貴のやっていることを見ていると、欠点がたくさん見えるので、注文をつけたくなるのだ」という趣旨のことを話していた。しかし、私は財界提言を読む限り、財界が農業・農村を丸呑みしたい、ということではないのかとの懸念を持つ。

二十年前の一連の提言の時と同じように、農の危機は同時に日本経済の危機であり、農政のかじを切り換えようとする強い意志を感じ取ることができる。そしてそれは例えば、最近出された食料・農業・農村政策審議会の中間論点整理の次のくだりに早速盛り込まれている。「イノベーションは、農業・農村の未来を切り拓く大きな可能性を秘めている」。NIRA報告の後の農と財界（農業関連企業）との関係を見れば、農の危機は実際には財界のチャンスだったのである。

提言に対して次のことを指摘しておきたい。

一つは、「経営マインド溢れる意欲に満ちた農家」をどう評価するか、である。日経調報告にも「農業者の意識改革を促し、創意と工夫を引き出すべき」、「創意と工夫によって生産性の向上と新しい分野の開拓がもたらせるならば、それは国民の豊かな生活に貢献する」とある。確かに、いつの時代でも意欲に満ちた農家や篤農家は存在する。我が茨城県内にも優れた事例を見聞している。だが現状では、やはりそれは点でしかなく、今日では明治期の篤農家の民間技術が全国に普及していったようなこと、つまり面にはならない。過大評価は禁物である。農業者の意識改革の次元の話ではない、と私は考える。

二つ目は、上記と関連するが、担い手の減少、高齢化、耕作放棄地の増大の真因は、農業では食べていけない、ということである。大半の農家が怠けてそうなった、ということではない。意識改革をし、努力すれば、農業で食べていける、ということにはならない。農と工とではあらゆる面で規模が比較できないほどの開差がある。また、産業としての農業に絞ってみても、内外の生産性格差を縮めるのは容易ではない。酪農に例をとると、日本とオセアニアとでは乳価は四倍も違うし、アメリカ、カナダとの比較でも二倍も違う。酪農家の努力でその格差をなくすことはまず不可能である。

評価できる農業環境政策。だが?

日経調報告でそれなりに評価できるのは、農業環境政策の構築及び農村政策の新ビジョンである。深刻化する農業の環境負荷に対して早期に農業環境政策を構築すべし、その前提として情報開示を、農村コミュニティの変化を踏まえた農村政策を、中山間地域の保全・振興、などは、項目としてはすぐに実施に移して欲しいことである。

私はこれまで、疲弊した農業、農村社会の活性化を図るには、地域循環型農業への転換が不可欠である、と言い続け、私の手の届く所で実現のために努力してきた。農産物自給運動、学校給食、農産加工、直売所などがその中味である。また、長いこと有機農業運動にも関わってきた。

その経験から言えることは、一貫して国はこれらのことに目をそむけ、ポーズとして環境保全型農業を進めているのではないか、ということである。例えば、有機JAS認定は市町村や民間の検査機関に業務を代行させ、厳しい指導をし、一切補助をしていないにもかかわらず、それよりも基準が甘い特別栽培農産物の認定業務は、都道府県が市町村を手足に使いながら実施していて、生産者はほとんど経済的な負担なしで行われている。また、全農の安全・安心システムには国からかなりの支援があったと聞いているが、その支援を有機JAS認定業務に回せば、かなりの生産者が認定を受けるものと考えられる。さらに我が国の場合、JAS認定を受けても、せいぜい一割か二割高でしか売れないのが実態である。

私の所属する農協管内は全国有数のさつまいも、ほしいも生産地帯である。以前は、さつまいもの後作として麦類が作付けされていたが、今日ではさつまいもを掘ったあとはそのまま（空畑）であり、春先は砂嵐が容赦なく一般住宅にまで襲いかかる。麦を作らないのは、ずばりもうからないからだ。私は、この問題は農業問題ではなく、環境問題である、と主張してきた。荒廃した山林問題も同様である。

がけっぷちに立つ農協

私が現在関わっている農協について、同友会提言は「農業協同組合のあり方も問われている」としか言っていない。また日経調報告ではいささか場違いと思われる「農村政策の新ビジョン」の中に「岐路に立つ農協」が入っている。全体のトーンは拍子抜けするくらいにあっさりしている。

私が見て問題だと思うことは、「農協改革を後押しする政策的な要素として重要なのが、購買や販売などの事業の面で、農協と他のライバルを公平な競争環境のもとにおくという原則を貫くことである」という文言である。農協という組織のよってきたるゆえん、組織原則に対する無知、というほかない。そして先ほども触れたように農協を農産加工メーカーや流通資本の元に組み込むか、存在そのものを排除したいという意志の表われである、と私は考えている。

ところで全中は、二十五年前に発表した「財界・労働界の農政批判に対するわれわれの見解」の中で「対外経済摩擦を引きおこした貿易不均衡の発生は、重化学工業を中心とした輸出拡大路線にある。われわれは、異常なまでに輸出に依存した歪んだ経済体質を大胆に変革すべきだと考える。内需拡大を中心に、工業と農業とのバランスのとれた産業構造に転換させることこそ、経済摩擦解消の根本的な解決策である」と主張した。当時と同様に、全中は組織内のスタッフや研究者を動員して、理論武装を図り、財界提言に反論し、我が国農業の進むべき道を示して欲しいと願う。

（『農業協同組合新聞』〇四年九月二十日）

終章　農協に明日はあるか

四つの農協を経験

最近の私の関心事は、農協に明日はあるのか、だ。そして、協同組合としての農協が臨終を迎える日、その臨終の場に私自身が立ち会わなければならなくなるのか、といささか悲観的な思いをしている。その訳はおいおい語ろう。

農協の職員を対象にした『農業協同組合経営実務』（以下『経営実務』）が創刊して六十年になるという。私が農協運動に足を入れてまもなく四十年だから、『経営実務』の誌齢の三分の二になる勘定だ。その大半を読者として、書き手として付き合ってきた。一九九一年には『経営実務』を発行している全国協同出版から『よみがえれ農協』という単行本も出させていただいた。浅からぬ因縁がある、と自負している。

私が全販連（現全農）に入会したのは、「農業基本構想」が全国農協大会で決議された一九六七年。群馬県前橋市にあった永明農協に移った一九七〇年には、格調の高い「生活基本構想」が樹立された。当時は、経済の高度成長がピークに達していた頃で、佐良直美《さがらなおみ》の「世界はふたりのために」という歌が街に流れていた。

今日に続く米の生産調整（当時は第一次減反）が一九七〇年に始まり、全国的に都市計画法にもとづく市街化区域と市街化調整区域の線引きが行われたし、線引きの翌年には市街化区域内農地の宅地並み課税が実施に移された。

農業基本構想は、「高能率・高所得農業の建設」を目指そうとしたが、減反政策が導入されたことなどにより挫折の道を歩むことになる。線引きや宅地並み課税についても、今振り返って見れば、都市サイドからの合法的な土地収奪でしかなかった、と考えられる。

当時の永明農協は、「協同組合は、正直者が馬鹿をみない公正で平和な社会をつくる砦である」という考え方で運営され、農協事務所を「農民の城」と称していた。減反、線引き、宅地並み課税などの動きに即座に反応したのも当然のことであった。私は、組合長や参事と手分けして毎晩集落座談会を開き、減反は大字（集落）単位でまとめ、指示面積以上にも以下にもしない（一〇〇％ということ）、線引きで市街化区域に入れるのは最小限とし、市の責任で区画整理事業を実施する、などのことを決め、実行していった、我々が「地域農業」という言葉を使ったため、中国のやり方を真似するのか、などという批判を受けたこともあった。

それらの経過や結果は、機関紙『農協えいめい』や『日本農業新聞』などで組合員に刻々伝えていった。

組合員の健康管理活動に取組んだのもこの頃のことだった。長野県佐久総合病院の指導を受け、実施にあたっては群馬大学医学部、前橋医療生協などの援助を受けながら、きめこまかな検診活動を実施した。組合員の健康を守るため、全国の農協が積極的に健康管理活動に取組んでいく嚆矢となった。

私の『経営実務』の初出は一九七三年一月号の「市街化調整区域における『農業』と農協の対

応」で、永明農協の取組みをまとめたものだった。この時私は、次の任地である茨城県水戸市農協にいた。

生活と広報と道路屋と

永明農協での健康管理活動は、当時茨城県農協中央会の副会長だった山口一門さんの目に止まり、その後の茨城での全県的な取組みに繫がっていくことになる。

永明農協はその直後の一九七四年に木瀬農協と合併するが、その軌跡は、合併前に私が編集し、『永明農協十二年のあゆみ』としてまとめた。

水戸市農協での仕事は、本務であった生活や広報活動の他にあった。それは常磐自動車道などの公共用地対策だった。地権者会を組織し、事業者である日本道路公団、建設省、東京電力、県、市などと集団で交渉し、地権者に有利な条件を勝ち取っていく。私たちは絶対反対の立場は取らなかった。組合員の考え、要望などを聞き取り、まとめていき、相手と交渉するやり方は永明農協時代に訓練されていたので、やりやすかった。

先に挙げた線引きや宅地並み課税が農地を農民から取り上げる一般的な基準、総論だとすれば、道路建設や工業団地造成は各論にあたる。茨城では東海村への原子力産業誘致を始めとして、鹿島開発、筑波への研究学園都市建設など大型プロジェクトが続いたが、茨城には広大な土地が横たわっているということだけが進出の決め手だったのか、茨城の県民性によるものなのか、私には今でも分からない。

常磐自動車道建設の話が来た時、既に管内農民の大半は口には出さないが、歓迎ムードだった。「オレんちの土地を高速道路にかけて欲しいよ」という声が周辺の農家からあったように、組合員には、農地は要らない、つまり頭の中では離農を考えるようになってきた、ということがその背景にある。日本列島改造論がはなやかなりし頃のことである。そしてこの当時、既に全国農協中央会はこれらの問題に正面から取組まなくなっていたので、全国の成功、失敗の事例を集めた。そして私は、各地の農協での取組みが〝賽の河原の石積み〟にならないようにするためにも、農協サイドでの公共用地対策の教科書が必要だと考え、一九八〇年に『農協の地権者会活動』（日本経済評論社）を世に送った。

翌一九八一年に私はやっと念願だった地元の瓜連町農協職員になることが出来た。とは言っても、組合員が六百名程度、職員も二十人くらいの小さな農協だから、米や麦の出荷シーズンには、週に三日は俵かつぎ（紙袋だったが）。葬式が出るとご用聞きと祭壇の飾り付け。なんでもやった。

ここでも、持ち場は生活と広報だった。かあちゃんたちの声をもとに主婦農業講座、青空市の開設、農産加工所の建設。農産物自給運動の取組み。しゃにむに走った。加工所の会員をつけものの研修に全国を連れ歩いた。「一流になるには、一流のところへ弟子入りしろ。二流のところへ行くと、三流になってしまう」とハッパをかけた。併行して、無添加生活用品などの共同購入を県内の仲間たちと始めた。

広報活動は、水戸市農協時代から全国レベルの機関紙、総会資料づくりを目指し、『日本農業新聞』や雑誌『地上』に記事を送り、首都圏版のコラム「緑地帯」への寄稿を続けた。「緑地帯」は一九七一年から八六年までの間に四百本弱を送稿している。『農協のあり方を考える』(日本経済評論社、一九八二)はそのコラムを編んだ作品である。

四面楚歌の農協、ではどうする

農協職員を辞してから十三年の間、地元の町長職や有機JAS認定機関の理事長などを経験し、三年前に合併農協の常勤役員になった。浦島太郎の話はおとぎ話だから比較は出来ないが、しばらくは浦島太郎になった気分だった。その理由を一口で言えば、農協が農協らしくなくなってしまっているのではないか、という現象が多過ぎるからだった。

農協職員時代から、茨城大学、筑波大学、鯉渕学園などの講師を務めてきた。農協論の本はいろいろあるが、現場で教える身には、ぴたりこれだというのがなく(先学には失礼!)、教科書を自分で書くしかない、と筆を執ったのが『経営実務』の連載「現場からの農協論」(『農業協同組合経営実務』〇一年四月号~〇二年三月号)である。半年の授業に手ごろな分量とした。

このところ、農業や農協に対しての批判、提言が目白押しだ。農水省の「農協のあり方についての研究会」報告、経済同友会、規制改革・民間開放推進会議や日本生協連の提言、『日本経済新聞』での山下論文、『朝日新聞』や『日本経済新聞』の農業、農協批判の記事等々。つい最近では、財界のシンクタンクである日本経済調査協議会が農政改革高木委員会最終報告として「農政改革を実現する」を発表した。

それぞれの農業・農協批判のスタンスは一様ではないが、整理すれば次のようになろう。「国民の食への関心、意識が変化してきている。また、食事内容、食糧消費など食生活も以前と変わった。一方では、食の安全性、拡大する農産物輸入と高い内外価格差などの問題がある。農村では、高齢化の進行、耕作放棄地の増大などが起きており、構造改革がなかなか進まない。農協は、組合員や国民のための組織ではなく、農協のための農協になってしまっている。農協の存在が農業の構造改革を阻んでいる。ばらまき農政を止め、農協を解体せよ」。

政府や財界、マスコミ、協同組合の仲間だと考えていた生協まで、それこそ寄ってたかって農業、農協批判の矢が私たちに向けられている。まさに四面楚歌の状態にある。

それに対して農協はどう反応しているか。全中は、山下論文や日生協の提言については公式には無視の姿勢、と聞いている。二〇〇六年十月に開かれる第二十四回全国農協大会の組織協議案にはどう書いてあるか。

「規制緩和や市場原理の徹底が進むなか、ＪＡグループは制度に守られた古い組織であるとする観点からのＪＡ批判が強まっている。組合員をはじめとする利用者・地域住民・消費者の信頼を得ること、国民の理解と支持を得ることが、ＪＡグループへの批判への強い反論となる」。公の場で反論はしないが、態度で示そうよ、ということのようだ。

これからの農業のあり方について、かの高木委員会報告は、農地を国民的視野でとらえ、農地の所有と利用の共存共栄を図る、と提言している。この提言を素直に読めば、農地の管理、利用を農民に任せておけないから、株式会社に任せて、外国人労働者が耕作すればいい、ということである。また、提言全体からは農協組織は不要である、というメッセージが伝わってくる。この提言の迫力たるや農協大会の組織協議案の比ではない。二〇〇六年六月の農協代表者会議の議論を聞いていても、ピントがぼけた井の中の蛙の話であり、危機感がほとんどない。

私は最近、コンピュータ業界の人たちとメールで情報交換している。彼らの農業、農協を見る目は厳しい。

「一般の業界では、日産がいやならトヨタを選べるが、農民と農協の関係は、オールオアナッシングのような気がする。恐竜のごとき農協は、体は大きく、頭（リーダーシップ）は小さい。いや、リーダー不在で、頭がない状態だ。小泉さんは、自民党をぶっ壊すと言って、最強の自民党を作った。農協をぶっ壊すと言って改革に臨めば、史上最強の農協になる可能性があるし、今ならまだそれだけの体力と裾野がある。内部から農協をぶっ壊す信長が出てくることを期待する。農業というのは、高度の知識と技術を必要とする大変な開発的産業で、企業経営と同等の経営力が必要だ」。農協は諸悪の根源、滅びを待つマンモス、スクラップアンドビルドが必要、という言葉も聞いている。先に触れた高木委員会報告と同様に、農協との温度差は明瞭だ。

第二十四回全国農協大会の組織協議案に対して私が主張していることの骨子は、農政の下請けをやるのではなく、かつての農業基本構想に匹敵する農業のグランドデザインを作れ、生活基本構想の復権を図り、生活活動を基本に据えよ、農業・農協批判に対しては毅然とした反論をせよ、そのために農協応援団の結集を、「担い手」だけに傾斜するのでなく、組合員の大多数を占める兼業農家対策を積極的に打ち出すべし、農協が他の企業に対抗できる手段は、農協は協同活動、組織活動があることで、それを武器にすべし、など。組織協議案には、世界の協同組合が長い期間かかって創り上げてきた協同組合原則に抵触する表現も散見される。

私は自分の所属する農協でこの三年間に、農協が組織として機能する（職員、組合員の関係）、営農経済事業を基本に据え、組合員の手取り最優先を考える、などのことをやってきた。他の農協と比較してこれはといった特徴がある農協ではない。むしろ、農産物販売高のシェア一つをとってみても県内では最下位という状態で、営農の面では他に遅れて歩んでいる、と言った方が正確であろう。

それでも、長いこと農協運動に関わってきた者としては、見て見ぬ振りは出来ない、と考えている。今、茨城県では、一県一農協構想が具体化しつつある。その構想は、現在の危機的状況を乗り切る方法として打ち出されている。現時点では一県一農協になるかどうかは予測出来ないが、構想が実現すれば私の居場所はなくなる。

私が当面なすべきことは、今農協に何が求められているのか、どうすればいいのか、それを現場において整理し、方向付けすることであり、実践することである。そのためには、農協は何故批判を受けるのかという批判の根源にさかのぼり、農協が果たしてきた役割やその結果を評価し、多くの識者の論点を整理し、今後の課題を明らかにすることである。ただ、農協という組織は図体があまりにも大きく、小回りはきかない。そして声を出しても、一人の声はか細い。また、国の「担い手」政策が実現するとすれば、農協という経済的弱者の組織は存在理由がなくなり、歴史的使命を終える。いずれにしても、農業・農村が滅びれば、農協という存在も消えていく運命にある。

（本稿は『農業協同組合経営実務』〇六年増刊号所載の拙稿に加筆したものである）

あとがき

前著『よみがえれ農協』を世に送って十五年が過ぎた。その当時に農協を離れてしまった身として、古巣の農協よしっかりしてくれ、というエールであった。その後、果たして農協はよみがえっただろうか。

三年前に農協の現場へ戻ってきてみて、農協はよみがえるどころか、滅びを迎える状態ではないのか、どうしてこんなにひどい状態になってしまったのか、というのが率直な印象である。むろん、このことは農協のことだけでなく、農業や農村が青息吐息の状況なのだから、ひとり農協だけが元気でいられるはずはない。いや、農業だけでなく、第一次産業と言われてきた漁業も林業も同じような、あるいはもっと深刻な状況だと聞いている。

国は来年度から新しい農業政策を展開する。国内農家の体質を強化し、国際競争力に耐えうる農業を目指すために「バラマキ農政」を止め、「担い手」農家だけを政策の対象とする、というものだ。その通りになるとすれば、農地改革以来の大改革になる。

しかし、私たちの周りでは、あきらめムードが強い。秋には麦はもう蒔かない、借りていた畑は返すことにした、何を作っても赤字だし、と悲観的な声しか聞こえてこない。夏も冬も空畑が目立つようになってしばらく経つ。先祖からの畑を荒らすことは出来ない、と兼業農家がトラクターを買い、何も作らない畑をかき回している。トラクターが除草剤の代わりだという光景は悲しい。こうしたことをいつまで続けられるのだろうか。私はこれを壊死する風景と呼んでいる。

どなたかが「美しい日本」とか「再チャレンジ」とかおっしゃっているようだが、日本人の食や住まいを提供する農山漁村が疲弊し、ムラが解体し、なりわいとしてきた農林漁業が滅びを待っているさまは決して美しいとは表現出来まい。山林も荒れ放題で、きのこ取りにも入れない。漁村でも同じような光景が見られる。また、今日の経済状況では、農林漁業に従事していて心ならずも離れた人達が再チャレンジしたいと思うだろうか。またそういう場があるだろうか。私たちには「美しい言葉」は要らない。

農協の現場を離れていても、農協からまったく無縁の世界にいた訳ではないので、大学で農協論を受け持ったり、新聞雑誌に農業、農村、農協、環境問題などを書いたりしてきた。前著のベースは『全略新報』という酪農家向けの新聞（旬刊）に月に一度書いてきたものだった。今回も同様に、編集長の三国貢さんからお誘いを受け、二〇〇二年四月から「農協の価値を問う　未来はどこに」というタイトルで書いてきたものを柱にした。このシリーズは五十回にも及んだ。本書はその中から、農協に直接関わりのないものや薄いものを外し、その他のところで書いたものを加えた、という構成である。新聞の連載なので、同じテーマを繰り返し、かつしつこく取り上げてきた。読みづらいというお叱りをいただくだろうが、ご寛容いただきたい。

現場にいれば現場のネタで書こう、と心がけてきたが、実際には農政や農協全体の動きが気になり、それでいいのかと思うことも多くあり、その時々の評論になってしまったきらいがある。常勤役員になってからは、自分の農協はどうなんだ、と批判されることもしばしばあった。それはいずれまとめて発表したい、と考えている。とにかく、全中や全国連がかかえているシンクタンクがあるのだから、時の農業政策をきちんと評価し、経済の動向を踏まえて農協の課題や解決の方法などを提示して欲しい、農協への批判に対してはその都度的確に反論して欲しい、そうしたことがあれば、私がしゃしゃりでる必要はない、というのが偽わらざる気持ちだ。

掲載したものの初出はそれぞれ文の末尾にカッコ書きで表示した。発行元は次の通りである。転載をご快諾いただき、感謝申し上げる。また、出版にあたっては日本経済評論社の清達二さん、新井由紀子さんにお骨折りをいただいた。

『全酪新報』全国酪農協会　東京都渋谷区代々木一―三七―二〇
『協同組合経営研究月報』『にじ』　協同組合経営研究所　東京都千代田区一ツ橋二―四―三
『農業協同組合新聞』農協協会　東京都中央区日本橋人形町三―一―一五　藤野ビル
『鯉渕学園教育研究報告』鯉渕学園農業栄養専門学校　水戸市鯉渕町五九六五
『文化連情報』日本文化厚生農業協同組合連合会　東京都渋谷区代々木二―五―五

『調査と情報』農林中金総合研究所　千代田区大手町一―八―三
『農業協同組合経営実務』全国協同出版　東京都新宿区若葉一―一〇―三一

二〇〇六年一〇月一〇日

先﨑　千尋

〔著者紹介〕

先﨑千尋（まっさき・ちひろ）

1942年茨城県瓜連（うりづら）町生まれ。慶應義塾大学経済学部卒業。全販連（現全農），群馬県永明農協（現前橋市農協），水戸市農協（現水戸農協），瓜連町農協（現ひたちなか農協）。瓜連町議，瓜連町長。農林省農業総合研究所駐村研究員等を経て，ひたちなか農協代表理事専務，茨城大学地域総合研究所客員研究員。この間，茨城大学，筑波大学，鯉渕学園，茨城県立農業大学校各非常勤講師。NPO法人有機農業推進協会理事長。

主な著作：『永明農協12年の歩み』（永明農協，1974），『農協の地権者会活動』（日本経済評論社，1980），『農協のあり方を考える』（日本経済評論社，1982），『よみがえれ農協』（全国協同出版，1991）。

住所：茨城県那珂市静1180。

Eメール：tmassaki@sweet.ocn.ne.jp

農協に明日はあるか

2006年10月25日　第1刷発行　　定価（本体1900円＋税）
2009年 2 月20日　第3刷発行

著　者　先　﨑　千　尋

発行者　栗　原　哲　也

発行所　株式会社　日本経済評論社

〒101-0051　東京都千代田区神田神保町3-2
電話　03-3230-1661　FAX　03-3265-2993
E-mail:info 8188@nikkeihyo.co..jp
URL:http://www.nikkeihyo.co.jp/

印刷：シナノ／製本：根本製本／装幀＊静野あゆみ

乱丁落丁はお取替えいたします　　Printed in Japan

ISBN 978-4-8188-1897-2